风景园林智能设计与城市规划研究

裴梓博　张丽娟　段　夏◎著

中国商业出版社

图书在版编目（CIP）数据

风景园林智能设计与城市规划研究 / 裴梓博，张丽娟，段夏著. -- 北京 : 中国商业出版社，2025. 7.

ISBN 978-7-5208-3526-8

I. TU986.2；TU984

中国国家版本馆CIP数据核字第2025HG7600号

责任编辑：石广华

策划编辑：张　盈

中国商业出版社出版发行

（www.zgsycb.com　100053　北京广安门内报国寺1号）

总编室：010-63180647　　编辑室：010-63033100

发行部：010-83120835/8286

新华书店经销

三河市悦鑫印务有限公司印刷

*

710毫米×1000毫米　16开　12.75印张　236千字

2026年1月第1版　2026年1月第1次印刷

定价：79.00元

* * * *

（如有印装质量问题可更换）

前言

PREFACE

在21世纪的今天，随着全球城市化进程的加速以及人们对生活品质要求的不断提升，风景园林智能设计与城市规划研究已成为推动社会可持续发展、提升城市竞争力的重要力量。这一领域不仅关乎城市美学与功能，更影响社会经济效益、生态效益及文化传承。

从社会效益看，其研究与实践对提高居民生活质量价值巨大。精心设计的城市空间，可提供优美环境，促进社区交流，增强凝聚力与归属感。智能化设计优化资源配置，能解决交通、污染问题，提高城市效率。从经济层面看，科学规划与设计吸引投资与人才，推动经济繁荣。智能化手段则降低成本，提高资源利用率，为城市的经济可持续发展提供有力支撑。

本书深度探索了风景园林智能设计与城市规划，介绍了风景园林设计的基本原理与方法，并剖析了植物配置、地形塑造、水体布局等综合设计要素在园林构建中的精妙运用。全面展现了智能技术在园林规划与设计领域的最新成就，特别强调了地理信息系统（GIS）、虚拟现实（VR）技术以及计算机辅助设计在提高设计效率与精确度方面的显著贡献。

此外，本书还简明扼要地概述了城市规划的基本理论框架、总体布局策略与规划原则，并深入探讨了城市旅游、城市建筑风貌以及基础工程建设对城市规划的深远影响。

本书着重剖析现代城市规划中园林景观设计的具体作用，尤其是在城市广场、公园以及街道景观塑造中的核心作用，旨在为风景园林设计师与城市规划师提供一套兼具理论深度与实践指导价值的知识体系，进而促进风景园林智能设计与城市规划领域的和谐共生与协同发展。

作者在写作的过程中，借鉴了许多专家和学者的研究成果，在此表示衷心感谢。本书研究的课题涉及的内容十分宽泛，尽管在写作过程中力求完美，但仍难免存在疏漏，恳请各位专家批评指正。

裴梓博　张丽娟　段　夏
2025 年 3 月

目录

CONTENT

第一章

风景园林设计概述

第一节　风景园林与风景园林美学

一、风景园林的含义

风景园林是综合利用科学和艺术手段营造人类美好室外生活境域的一个行业和一门学科。人类自有史以来，一直在自然环境中开创自己的生活，因此，很早就已经开始了对自然环境改造的行为。在农业时代，人类顺应自然环境，促进农业生产；从工业时代开始，人类改造自然的能力大大增强，从而可以在大尺度范围内改造自然环境；而随着后工业时代的到来，环境问题日益得到人们重视，进而提出了生态规划思想。纵观风景园林学科的发展历程，其间有两大因素起到了重要的推动作用，即人与自然环境的关系和新技术的运用。

现代风景园林有别于中国原有的传统造园形式，主要采用与现代建筑相匹配的对称和几何形状等方式，以注重理性和科学分析为特征，以现代城市广场、道路、公园和居民住宅小区等建筑为服务对象，讲究人工改造的造园理论和实践。随着时代的发展，小区建筑多为钢筋混凝土结构，外立面简洁，通过对传统园林手法的适当运用，小区园林意境有了新的延伸与体现。园林中的意境多借助山水、建筑、植物、山石、道路等来表现。园林植物是意境创作的主要素材，园林植物产生的意境有其独特的优势，它可以不受各种设计风格的影响发挥作用。这不仅因为园林植物有自然优美的姿态、丰富的色彩、沁人的芳香，而且园林植物是具有生命的活机体，是人们感情的寄托。居住区园林栽植名贵树木，不仅为了绿化环境，还可供欣赏。

二、风景园林的特点

（一）小中见大的空间效果

“小中见大”的创作手法，应用在我国古代园林文化艺术中，体现的是将全园划分景区、水面的设置、游览路线的逶迤曲折以及亭廊的装饰等，都是“小中见大”的空间表现形式。“大”和“小”是相对的，现代较大的园林空间的景观分区以及较小的园林空间中景观的浓缩，都是“小中见大”的空间表现形式和造园手法，即通过欣赏具体的园林景观，获得的直观视觉感受和从视觉感受中产生的意境和思绪。

（二）布局流畅

传统园林常由局部来构成完整的整体。局部求精，集零为整，表现得更为精致。中国传统园林的布局和整个园林的内容、形式、工程技术和文化艺术融为一体，遵循起、承、转、合的章法，既能使景观移步异景，也对场地的缺陷进行了良好的弥补，从而得到用地广阔者不显空乏，狭小者不显拥挤，狭长者不显冗长，扁阔者不显短浅的效果。

（三）抽象性、寓意性

园林的意境，求神似而不求形似。不脱离具体物象，也不脱离群众的审美情趣，把中国园林中的山石、瀑布、流水等自然界景物抽象化，使园林带有较强的规律性和较浓的装饰性，在寓意性方面延续中国古典园林的传统。

（四）渐进的空间组织

中国传统园林多建造在人工化的城市环境之中，需要在人工与自然之间营造出一系列过渡性空间，动静结合、虚实对比、承上启下、循序渐进、引人入胜、渐入佳境的空间组织手法和空间的曲折变化，常常将园林整体分隔成许多不同形状、不同尺度和不同个性的空间，并且将形成空间的诸要素糅合在一起，参差交错、互相掩映，将自然、山水、人文、景观等分割成若干片段，分别表现，使人看到空间的局部后，感觉空间似乎是没有尽头的。

现代国际风景园林设计大师无不从前人的理论与实践中吸取大量的设计理

念与灵感。就中国传统园林而言，许多极富现代意义的理念和手法值得现代风景园林师去继承和发扬。因此，深入了解传统风景园林的造园特点，借鉴中国传统园林设计手法，营造具有深刻内涵和本土特色的风景园林作品，对发展中国现代风景园林具有极大的意义。

三、风景园林的设计

（一）风景园林的设计理念

1. 场地的设计理念

尊重场地、因地制宜，寻求与场地和周边环境密切联系、形成整体的设计理念，已成为现代园林景观设计的基本原则。风景园林师的作用并非刻意创新，更多在于发现，在于用专业的眼光去观察、认识场地原有的特性，发现它积极的方面并加以引用。其中，发现与认识的过程也是设计的过程。因此，最好的设计看上去就像没有经过设计一样，只是对场地景观资源的充分发掘、利用而已。这就要求设计师在对场地充分了解的基础上，概括出场地的最大特性，以此作为设计的基本出发点。

2. 时效的设计理念

园林景观设计与建筑设计最大的区别在于，园林景观是随季节和时间变化的，是有生命的，是处在不断的生长、运动、变化之中的。因此，设计师提出将运动中的花园作为自然持久的作品。所以风景园林师必须认真研究时间性和时效性因素，注重园林景观随时间变化的效果，以塑造随时间延续可以更新的、稳定的园林景观。

3. 地域景观的再现

所谓“地域性”景观，就是指一个地区自然景观与历史文脉的总和，包括气候条件、地形地貌、水文地质、动植物资源，以及历史、文化资源和人们的各种活动、行为方式等。日常所看到的景物或景观类型，都不是孤立存在的，都是与其周围区域的发展演变相联系的。园林景观设计应针对大到一个区域、小到场地周围的景观类型和人文条件，营建具有当地特色的园林景观类型和满足当地人们活动需求的空间场所。

4. 简约的设计理念

“少即多”，简约并不是简单，相反却是对本质的深度挖掘和坦诚表现。高度概括设计方法和惜墨如金的表现手段，是简约设计理念的基本要求。

简约的设计理念包括以下三个方面的内容：

（1）设计方法的简约。设计方法的简约要求对设计对象进行认真研究、分析，从而抓住关键性因素，减少细枝末节的过多的纠缠，以求少走弯路，以最小的改变取得最大的成效，即事半功倍。

（2）表现手法的简约。表现手法的简约要求简明和概括，以最少的元素、景物，表现景观最主要的特征。

（3）设计目标的简约。设计目标的简约要求充分了解并顺应场地的文脉、肌理、特性，尽量减少对原有景观的人为干扰，也就是“最小干预”的原则。简约的理念实际上是要求有的放矢，反对闭门造车的设计方法。

5．注重生态的设计理念

（1）全球生态环境的恶化问题，不是光靠风景园林师就能够解决的，园林景观作品中体现出来的生态理念，不仅是呼吁政府、公众关注生态环境，更是表明一种姿态。

（2）风景园林师提出的生态理念与生态学家、环保组织提出的生态理念有一定的差别，他们所关注的内容虽有一定的交叉和融合，但根本上具有不同的层面。

(3)如若完全从生态原理出发，设计师往往会陷于极端而难以被社会接纳。

6．对立统一的设计理念

自然与人工是贯穿于整个园林景观发展史的对立统一体，是“以人为本”，还是“以自然为本”？是改造自然，还是顺应自然？这既是某种园林景观形式、风格、类型的衡量准则，也是现代园林景观设计因地制宜，根据场地状况和使用要求来决定的，不能片面地加以肯定或否定。一般来说，在城市环境中，应较多地考虑人工与自然结合，考虑自然的人工性手法。随着城市环境的远去，自然的作用在逐渐增强。

7．注重科学的设计理念

园林景观设计是一门涉及面广、错综复杂的边缘性学科，与多门学科交叉并受它们的影响，如生物学、生态学、土壤学、植物学、美学等。风景园林师应采取科学严谨的治学态度，充分研究和了解各个学科的特征，运用现代科技手段，强调科学的设计方法。

8．注重个性的设计理念

个性的设计理念在园林景观设计中的地位日益重要，也是园林景观设计多样性和丰富性的保证。注重个性的设计理念，并非鼓励个人刚愎自用或脱离实际的闭门造车，而是强调个人对自然、对社会、对生态、对艺术、对历史等的独特理解，在旅行中的独特体验以及个性化的设计表现手法，强调个人对园林景观内涵与本质的独特认识。

（二）风景园林设计的原则和方法

1．经济实用

合理、经济地利用城市空间环境，始终是城市规划者、建设者、管理者追求的目标。园林除满足不同的使用要求外，应以绿色植物为主，创造出多种环境气氛，以精品园林小景新颖多变的布局，达到生态效益、环境效益和经济效益的结合。

2．安全科学

风景园林必须考虑建筑物本身和人员的安全，包括结构承重和屋顶防水构造的安全使用。由于与大地隔开，生态环境发生了变化，要满足植物生长对光、热、水、气、养分等的需要，必须采用新技术，运用新材料。

3．精致美观

选用花木要与比拟、寓意联系在一起，同时路径、主景、建筑小品等的位置和尺度，应仔细推敲，既要与主体建筑物及周围大环境协调一致，又要有新颖独特的园林风格。不仅在设计时，而且在施工管理和选用材料上都应处处精心。此外，还应在草地、路口及高低错落地段安放各种园林专用灯具，不仅起照明作用，还能作为饰品增添美观和情调。

4．注意系统性

规划要有系统性，克服随意性，运用园林“美学”统一规划，以植物造景为主，尽量丰富绿色植物种类，同时在植物的选择上不单纯为观赏，要模拟自然。选择的园林植物的抗逆性、抗污性和吸污性要强，易栽、易活、易管护。同时以复层配置为模式，提高叶面积指数，保证较高的环境效益。

当今，植物景观设计中出现的许多问题，归根结底，都是由于没有遵循其设计的一般性原则，缺乏感性认识造成的。这些问题如果不及时解决，势必影响生态系统，尤其是城市生态系统的可持续发展，解决问题的根本就在于遵循植物景观设计的原则，少一点主观臆断，多一些客观分析，创造出生态、美观、经济、舒适的生存环境，推动植物景观设计向着可持续发展的方向前进。

四、风景园林的作用

（一）风景园林对城市的作用

风景园林艺术有利于提升和改良城市居民的生活程度和生活环境，有利于城市的可连续性发展，对维护城市的生态环境具有重要的意义。在人们的居住环境中，园林景观做得好，对防风沙、涵养水源、吸附灰尘、杀菌灭菌、降低噪声、吸收有毒物质、调节气象和维护生态平衡、增进居民身心健康都有一定的作用。

园林景观艺术对城市的影响体现在视觉上，主要是通过对植物群落、水体、园林建筑、地形等要素的塑造来达到目标。通过人性的、符合人类运动习惯的空间环境，营造出舒适的景观环境。

（二）园林植物的生态效应

1．净化空气

园林植物对净化空气有独特的作用，它能吸附烟灰和粉尘，吸收有害气体，吸收二氧化碳并释放出氧气，这些都对净化空气起到很好的作用。空气是人类赖以生存的重要环境因素。一个成年人每天平均吸入 10 ～ 12 立方米的空气，同时释放出相应量的二氧化碳。生态体系的循环主要靠植物来补偿，植物的光合作用，能大量吸收二氧化碳并释放出氧气。其呼吸作用虽也释放二氧化碳，但是植物在白天的光合作用下所制造的氧气比呼吸作用所耗费的氧气多 20 倍。

2．净化水体

城市水体污染源主要有工业废水、生活污水、降水径流等。工业废水和生活污水在城市中多通过管道排出，较易集中处置和净化。而大气降水，形成地表径流，冲洗和带走了大批地表污物，其成分和水的流向难以控制，大多数渗入土壤，持续污染地下水。许多水生植物和沼生植物对净化城市污水有明显作用。

3．净化土壤

植物的地下根系因能吸收大批有害物质而具有净化土壤的功能。有植物根系散布的土壤，其好气性细菌比没有根系散布的土壤多几百倍至几千倍，能促使土壤中的有机物迅速无机化，既净化了土壤，又增添了肥力。草坪是城市土壤净化的主要地被物，城市中一切裸露的土地，在种植草坪后，不仅可以改良地上的环境卫生，也能改良地下的土壤卫生条件。

4．树木的杀菌作用

空气中有各种细菌、病原菌等微生物，有些是对人体有害的病菌，时刻侵袭着人体，影响着人们的身体健康。绿色植物可以减少空气中细菌的数量，其中一个主要的原因是许多植物的芽、叶、花粉能分泌出具有杀死细菌、真菌和原活泼物的挥发物质——杀菌素。城市中的绿化区域与没有绿化的街道相比，每立方米空气中的含菌量要减少 85% 以上。

（三）园林植物的心理功效

植物对人类有着心理功效。随着科学的发展，人们在不断深化对这一功效的认识。绿色使人觉得舒适，能调节人的神经系统。植物的各种色彩对光线的吸收和反射不同，青草和树木的青色、绿色能吸收强光中对眼睛有害的紫外线。对光的反射，青色反射 36%，绿色反射 47%，对人的神经系统、大脑皮层和眼睛的视网膜比较有益。因此，如果在室内外有花草树木繁茂的绿空间，可缓解眼睛疲劳。

（四）园林植物群落的物理功效

1．改良城市吝啬候

吝啬候主要是指地层表面属性的差别所造成的局部地域气象。其影响因素除太阳辐射和气温外，直接随作用层的狭隘处所属性而转移，如地形、植被、水面等，特别是植被，对地表温度和局部气象的影响尤其大。夏季人们在公园或树林中会觉得清凉舒适，这是因为太阳照到树冠上时，有 30% ～ 70% 的太阳辐射热被吸收。树木的蒸腾作用需要吸收大量热能，从而使公园绿地上空的温度下降。另外，由于树冠遮挡了直射阳光，使树下的光照量只有树冠外的五分之一，从而给休憩者创造了安适的环境。草坪也有较好的降温功能，当夏季城市气温为 27.5 ℃时，草地表面温度为 22 ℃～ 24.5 ℃，比裸露地面低 5 ℃左右。到了冬季，绿地里的树木能降低 20% 的风速，使寒冷的气温不至于降得过低，起到保温作用。

2．降低噪声

噪声是声波的一种，正是由于这种声波引起空气质点振动，使大气压产生快速的起伏，这种起伏越大，声音听起来越响。噪声也是一种环境污染，对人产生不良影响。

植树绿化对噪声具有接收和消解的作用。其削弱噪声的机理有以下两点。

（1）噪声波被树叶向各个方向不规则反射而使声音削弱。

（2）噪声波造成树叶产生微振而使声音耗费。

3．防灾避难

在地震多发的城市，城市绿地能有效地防灾避难。树木绿地具有防火及阻挡火灾蔓延的作用。不同树种具有不同的耐火性，针叶树种比阔叶树种耐火性要弱。阔叶树的树叶自然临界温度达到 455 ℃，有着较强的耐火能力。

五、园林美学的含义

（一）园林美学的内容

1．美的特征和目的

（1）美与事物的不可分离性。美是抽取了许多美的事物中所共有的内涵而形成的概念，它只能在一个个具体的事物形象中得到体现。

（2）美具有可感染性。美总是伴随生动的形象出现，这种具体生动的形象总能引起人的愉悦感。

（3）美具有功能性。美反映人的智慧和力量，所以美就有了功能性。

园林美学的目的是用符合美学规律的创造美的思维形式和手段，在造园时，以优美的园林景观来创造园林意境，完成园林美的创造。园林美作为美的一种形式，更多地符合形式美的特征。

2．园林美学的特征

形式美是园林美学的重要特征之一，其要素包含色彩、温度感、距离感、重量感、面积感和兴奋感等方面。

（1）色彩。形式美的第一要素是色彩，它能给人带来多种感觉，如温度感，看到红色可以联想到温暖的太阳，由蓝色联想到水的清凉。

（2）温度感。温度感在园林中运用时要注意以下两点：①满足人体舒适的要求，春秋宜多用暖色花卉，夏季宜多用冷色花卉。②胀缩感，其中红、橙、黄色不仅显得明亮而清晰，体积似乎有膨胀感；绿、紫、蓝色则显得幽暗、模糊，有体积收缩感。

（3）距离感。由于空气的透视关系，暖色系在色彩距离上，有向前及接近的感觉；冷色调则相反。

（4）重量感。不同色相的重量感各不相同。亮度强的白色、红色、青色的色相重量感小，灰色、橘色、黑色的色相重量感大。

（5）面积感。运动感强烈，亮度高，呈散射运动方向的色彩。

（6）兴奋感。如红色花与青色花相比，会感到红色花有兴奋和活跃的意味，而青色花具有沉静和严肃的感觉。

（二）园林欣赏美的依存关系

园林欣赏是一种审美认识活动。园林欣赏，通俗地说，就是游园，是一种观赏、领略园林美景的审美活动，通过园林美把园林与游者联系在一起，也是游者在享受、评价园林美的同时检验园林社会效果的重要途径。作为精神产品的艺术种类之一，园林艺术的生产（园林创作、造园）和消费（园林艺术欣赏）

虽然各自处于不同的层面，分别具有独立性与封闭性，却又在园林事业的运作中彼此向对方开放，构成了相互依存的关系。

（1）因为有园林创作和造园活动，所以欣赏者（游人）才有了欣赏的外在对象，才有了游园活动；假如没有园林创作，自然也就没有园林可供游赏。反之，欣赏是创作的内在对象，创作的目的就是满足欣赏的需要；假如不存在游客和游园（园林欣赏）活动，园林艺术产品得不到社会承认，那么，园林创作作为一种社会性的创造活动也就失去了存在的前提。

（2）园林与欣赏的相互依存关系，还表现在园林艺术作品社会价值的肯定与社会效果的显现上。艺术品对于作者本人来说，可能是不受时间空间影响的永久实体；但对于社会和历史来说，它究竟具有什么价值、能起什么作用，却不由创作者决定，而要有欣赏者的有力参与。因为欣赏活动并不仅仅是对创作的被动接受，而是欣赏一方在创作的诱导下，发挥积极的能动作用。所以园林作品实现其社会价值和社会效果，乃是创作与欣赏双方交会的结果。不同时代、不同民族、不同阶级以至于不同个性的欣赏者都因思想感情上的差别而对艺术作品产生不同的感受和理解，因此，对于园林的评价与效果的显现就既有可能在现实中发生差异，也有可能在历史上出现变动。这种差异与变动正是创作与欣赏相互依存的生动表现，也是对园林艺术作品的评价褒贬不一和促使园林艺术形式多样化的缘由。

（3）创作与欣赏、作者与读者之间的关系，可以理解为园林欣赏虽说是一种以造园为基础的艺术审美活动，但欣赏活动并不仅仅是对园林创作的被动接受，而是欣赏一方既接受园林景象的诱导，也发挥着积极的能动作用。如果说园林创作凭借联想和想象，以自然山水为基础进行创造性审美活动的话，那么，园林欣赏则是欣赏者根据自己的生活经验、思想感情，运用联想、想象去扩充、丰富园林作品，描绘艺术形象（园林景象）的过程，是一种再创造性的审美活动。欣赏者游园时，在感受、体验园林美景的基础上，通过联想、想象、移情、思维等一系列心理活动参与园林景象的再创造和园林意境的开拓，从而强化了园林美感，使园林艺术欣赏达到理想的境地。从这层意义上来说，园林欣赏是园林创作（造园）的继续和发展。

六、风景园林的美学特征

（一）风景园林的意境美

1. 意境的表现

园林意境的思想可以追溯至东晋到唐宋年间，当时崇尚自然的文艺思潮而出现了山水诗、山水画和山水游记，继而影响了园林创作的指导思想，园林转向以自然山水为主体。园林设计者寄情于山水，使园林这样一个自然的空间境域内涵超出了构成造园要素的建筑、山石、水体和植物之实体及其构成的境域事物，给观者以余味和遐想的留念。

2．中国造园的意境美表现

中国园林在美学上的最大特点是重视意境的创造。中国自然山水园林之所以能够达到“虽由人作，宛自天开”的效果，是源于造园者创造园林意境的得道，以及对自然山水、植物等造园要素意境表现的得当，即从中国园林意境的含义着手，阐述中国园林意境的创造方法和园林植物意境美的表现方法。

（二）风景园林的色彩美

1．美的和谐运用

中国园林历史悠久，集建筑美与自然美、诗情与画意于一体，是人类依恋自然、追求和谐的精心创造。色彩是组成园林艺术最基本的要素之一。园林中的主要色彩是绿色，而绿叶树种由于其亮丽的色彩，比一般的植物更能引起游人的注意。因此，在园林设计中，植物是绝对的主角，也是中国传统四大造园要素之一，园林设计就是以有生命的植物材料为主体的设计，旨在改善人类的生态环境。

2．园林设计中植物色彩的应用原则

（1）统一原则。统一原则是指在植物色彩搭配中，以绿色为园林景观的主要色相，其明度不高，色彩中性，可以缓和其他色相，在园林里起着统一整个背景的作用。同一色相的植物可以塑造整体、统一的色彩气氛。

（2）调和原则。调和原则是指一种色彩中包含另一种色彩的成分，如红与橙、橙与黄、黄与绿、绿与蓝、蓝与紫、紫与红等。互补色相搭配，有时容易产生跳跃的效果，选用过渡色进行调和，让人感到舒服。

（3）均衡原则。均衡原则是指互补色相搭配时，若面积大小一致，容易造成色彩不平衡，因此，一般亮度高的植物面积应小于亮度低的植物，以达到色彩平衡的效果。

（4）对比原则。对比原则是指植物通过色相对比、明度对比、色调对比等营造色彩丰富的植物景观。

风景园林植物的形象美、意境美、色彩美及季相变化等都比较容易为人们所发现和了解，但是常被人忽略的是植物的美，比较抽象却极富思想感情的美，可称为含蓄美、寓言美、意境美，正所谓景外之景、弦外之音。这种美与民族的文化交流、风俗习惯、教育水平、地域和社会的历史发展等有所不同。这种融汇了人们的思想情趣与理想哲理的精神内容，既有传统，又随着时代而发展。它对于提高园林艺术水平、培养精神文明具有潜移默化的作用。

七、风景园林形式美法则

（一）形式美的内容

当代城市景观风貌变化显著，人们的生活品位、审美情趣不断提高，因此，要求园林景观设计师注重景观设计的艺术性。用园林景观设计的构成要素和构成法则，加之理性的分析方法，以设计、艺术、经济、综合功能这四个方面的关系为基础，用审美观、科学观进行反复比较，最后得出一种最优秀的设计方案。遵循形式美规律已经成为当今景观设计的一个主导性原则。探讨园林景观设计中形式美的规律，对创造出最优化的人类景观系统有着不可或缺的作用。

自然界常以形式美取胜而影响人们的审美感受，各种景物都是由以下两种形式组成的。

（1）外形式。外形式由景物的材料、质地、线条、体态、光泽、色彩和声响等因素构成。

（2）内形式。内形式是由景物的材料、质地、线条等因素按不同规律组织起来的结构形式或结构特征所构成的，如各种园林植物、园林建筑等。

形式美发展的总趋势是不断提炼与升华的，表现出人类健康、向上、创新和进步的愿望。任何单纯追求刺激、怪诞、畸形、杂乱、美丑颠倒的颓废主义都必将为人类所唾弃。

形式美的法则是人们在长期审美实践中，对现实中许多美的事物形式特征的概括和总结。人们认识到形式美的特殊作用之后，对美的事物外在特征进行规律性的抽象概括，依照这个法则进行美的创造，并进一步丰富和发展了形式美的法则内容。

（二）形式美法则

形式美规律是带有普遍性、必然性和永恒性的法则，是一种内在的形式，是一切设计艺术的核心，是一切艺术流派的美学依据。在现代园林景观设计中，形式要素被推到了较为重要的位置，只有正确掌握了形式美感要素，才能把复杂多变的设计语言整合到形式表现中。

1. 多样统一法则

统一用在园林中所指的方面很多，如形式与风格、造园材料、色彩、线条等。从整体到局部都讲求统一，但过分统一则是呆板，疏于统一则显杂乱，所以常在统一中要求多样，意思是需要在变化之中求得统一，以免成为大杂烩。

2. 均衡法则

均衡又称为平衡，是人对其视觉中心两侧及前方景物具有分量相等的趣味与感觉。均衡分为静态均衡和动态均衡两种类型。

3. 对比法则

对比是比较心理的产物，通过对风景或艺术品之间存在的差异和矛盾加以组合利用，取得相互比较、相辅相成的呼应关系。

4. 和谐法则

和谐是指各物体之间形成矛盾统一体，也就是在事物的差异中强调统一的一面。用于园林中是指园内景物在变化统一的原则下，色彩、体形、线条、时间和空间上都给人一种和谐感。产生和谐的来源，一是同类景物之间，二是不同景物之间，从相似与近似两个途径获得。

5. 比例法则

在人类的审美活动中，客观景象和人的心理经验形成合适的比例关系，使人得到美感，这就是合乎比例。或者说，某景物整体与局部之间存在着合乎逻辑的比例关系，比例具有满足理智和眼睛要求的特征。

6. 尺度法则

尺度是景物与人发生关系的产物，凡是与人有关的物品或环境空间都存在尺度问题。久而久之，这种尺度和它的表现形式合为一体而成为人类习惯和爱好的尺度观念。在园林造景中，运用尺度规律进行设计的方法包括单位尺度法、人的习惯尺度法、景物与空间尺度法、模度尺设计法。尺度法则与形式美的其他法则有着密切的关系，非常重要。

7. 节奏与韵律

节奏与韵律是音乐中的词语。节奏是指音乐中音响节拍轻重缓急有规律的变化和重复，这种相似的音韵既然是重复出现，其中就会存在一个空间距离，而且是有规律的，因此称为节奏。韵律是在节奏的基础上赋予一定的情感色彩，按一定的规律重复出现的、相似的音韵。景观要素的节奏与韵律是通过体量大小的区分、空间虚实的交替、构件排列的疏密、长短的变化、曲柔刚直的穿插等变化来表现的。

8．尺度与比例

任何物体，无论任何形状，必有三个方向，即长、宽、高的度量。比例就是研究三者之间的关系。任何园林景观，都要研究双重的三个关系。

（1）景物本身的三维空间。

（2）整体与局部。

园林中的尺度，指的是园林空间中各个组成部分与具有一定自然尺度的物体的比较。功能、审美和环境特点决定园林设计的尺度。尺度可分以下两种类型。

（1）可变尺度。如建筑形体、雕像的大小、桥景的幅度等都要依具体情况而定。

（2）不可变尺度。不可变尺度是按一般人体的常规尺寸确定的尺度。园林景观设计中常用夸张尺度，夸张尺度往往是将景物放大或缩小，以达到造园造景需要的效果。

9．主次法则

在一个综合性风景空间里，多风景要素、多景区空间、多造景形式的存在，决定了必须运用有主有次、以次辅主的创作方法，从而达到既丰富多彩又多样统一的完美效果。

10．整体法则

整体性是对所有艺术作品的共同要求，包括外部形象的完整性、自身结构的完整性、内在思想体系的完整性。作为风景园林空间，也必然需要整体性。无论形式美法则如何变化、风景要素如何变更，其最终目的都是创造一个综合性的、完整性的游憩空间。

第二节　园林设计的基本原理

一、园林艺术法则与造景手法

（一）景的含义

园林风景是由许多景组成的。所谓“景”就是一个具有欣赏内容的单元，是从景色、景致和景观的含义中简化而来的，也就是在园林中的某一地段，按其内容与外部的特征具有相对独立的性质与效果即可成为一景。

一个景的形成要具备两个不可缺少的条件。

（1）景本身具有可欣赏的内容。

（2）景的位置要便于被人觉察。

（二）中国园林造园艺术法则

1. 造园之始，意在笔先

意，可视为意志、意念或意境。强调在造园之前必不可少的创意构思、指导思想、造园意图，这种意图是根据园林的性质、地位而定的。

2. 相地合宜，构园得体

凡造园，必按地形、地势、地貌的实际情况，考虑园林的性质、规模，构思其艺术特征和园景结构。只有合乎地形骨架的规律，才有构园得体的可能。

园林布局要进行地形及竖向控制，只有山水相依、水陆比例合宜，才有可能创造好的生态环境。城乡风景园林应以绿化空间为主，绿地及水面应占园林面积的 80% 以上，建筑面积应控制在 1.5% 以下，并应有必要的地形起伏，创造至高控制点，引进自然水体，从而达到山因水活的境地。

3. 因地制宜，随势生机

要想创造多种景观的协调关系，还要靠因地制宜、随势生机和随机应变的手法，进行合理布局。在现代风景园林的建设中，这种对自然风景资源的保护顺应意识和对园林景观创作的灵活性，仍是实用的。

4. 巧于因借，精在体宜

风景园林既然是一个有限空间，就免不了有其局限性，但是酷爱自然传统的中国造园家，从来没有囿于现有空间的局限，而是用巧妙的“因借”手法，给有限的园林空间插上了无限风光的翅膀。“因”者，是就地审视的意思；“借”者，景不限内外。这种因地、因时借景的手法，大大超越了有限的园林空间。

5. 起结开合，步移景异

节奏与韵律感是人类生理活动的产物，表现在园林艺术上，就是创造不同大小类型的空间，通过人们在行进中的视点、视线、视距、视野、视角等反复变化，产生审美心理的变迁，通过移步换景的处理，增进引人入胜的吸引力。风景园林是一个流动的游赏空间，善于在流动中造景，是中国园林的特色之一。现代综合性园林有着广阔的天地、丰富的内容、多方位的出入口，多种序列交叉游程，所以不能有起、结、开、合的固定程序。在园林布局中，可以效仿古典园林的收放原则，创造步移景异的效果。比如景区的大小，景点的聚散、绿化草坪植树的疏密、自然水体流动空间的收与放、园路路面的自由宽窄、风景林木的郁闭与稀疏、园林建筑的虚与实等，这种多领域的开合反复变化，必然会带来游人心理起伏的律动感，起到步移景异、渐入佳境的作用。

6．小中见大，咫尺山林

前面提到的因借是利用外景来扩大空间的做法。小中见大，则是调动内景诸要素之间的关系，通过对比、反衬，造成错觉和联想，达到扩大空间感，形成咫尺山林的效果。这多用于较小的园林空间，利用形式美法则中的对比手法，以小寓大，以少胜多。模拟与缩写是创造咫尺山林、小中见大的主要手法之一，堆石为山、立石为峰、凿池为塘、垒土为岛，都是模拟自然，池仿西湖水，岛作蓬莱、方丈、瀛洲之神山，使人有虽然在小天地，却置身大自然的感受。

（三）常用造景艺术手法

1．主景与配景

主景是景色的重点、核心，是全园视线的控制点，在艺术上富有较强的感染力。配景相对于主景而言，主要起陪衬作用，不能喧宾夺主，在园林中是主景的延伸和补充。

突出主景的手法有以下四种。

（1）主体抬高。采用仰视观赏，以简洁明朗的蓝天为背景，使主体造型轮廓鲜明、突出。

（2）轴线运用。轴线是风景线、建筑群发展延伸主要方向，一般主景常设置在轴线端点和交点上。

（3）动势向心。水面、广场、庭院等四面围合的空间周围景物往往具有向心动势，在向心处布置景物形成主景。

（4）空间构图重心。将景物布置在园林空间重心处构成主景。规则式园林几何中心即构图中心。自然式园林要依据形成空间的各种物质要素以及透视线所产生的动势来确定均衡重心。

2．分景

分景是分割空间、增加空间层次、丰富园中景观的一种造园技法。分景常用的形式有点、对、隔、漏。

3．对景

对景是位于绿地轴线及风景视线端点的景。位于轴线一端的为正对景；轴线两端皆有景为互对景。正对景在规则式园林中常为轴线上的主景。在风景视线两端设景，两景互为对应，适于静态观赏。对景常置于游览线的前方，给人以直接、鲜明的感受，多用于园林局部空间的焦点部位。

4．隔景

隔景是将绿地分为不同的景区而造成不同空间效果的景物。它使视线被阻挡，但隔而不断，空间景观相互呼应。

隔景通常有以下三种手法。

（1）实隔。如实墙、山体、建筑。

（2）虚隔。如水面、漏窗、通廊、花架、疏林。

（3）虚实隔。如堤岛、桥梁、林带，可造成景物若隐若现的效果。

5．障景

障景是抑制视线、分割空间的屏障景物，常采用突然逼近的手法，使视线突然受到抑制，而后逐渐开阔，即所谓“欲扬先抑，欲露先藏”的手法，给人以“柳暗花明”之感。常以假山、石墙为障景，多位于入口或园路交叉处，以自然过渡为最佳。

为增加景深感，在空间距离上划分前（近）、中、背（远）景，背景、前景为突出中景服务。创造开朗宽阔、气势雄伟的景观，可省去前景，烘托简洁的背景；突出高大建筑，可省略背景，采用低矮前景。

6．添景

添景是用于没有前景而又需要前景时的环境。当中景体量过大或过小，需添加景观要素以协调周围环境，或中景与观赏者之间缺乏过渡均可设计添景。位于主景前面景色平淡的地方用以丰富层次的景物，如平展的枝条、伸出的花朵、协调的树形。

7．夹景

为突出景色，以树丛、树列、山石、建筑物等将左右两侧加以屏障，形成较为封闭的狭长空间，左右两侧的景观即称夹景。夹景是利用透视线、轴线突出对景的方法之一，用于集中视线，增加远景的深远感。

8．漏景

漏景由框景演变而来，框景景色全现；漏景若隐若现，含蓄雅致，为空间渗透的一种主要方法，主要由漏窗、漏墙、疏林、树干、枝叶形成。

9．框景

框景是利用门、窗、树、洞、桥，有选择地摄取另一空间景色的手法。框景设计应对景开框或对框设景。框与景互为对应，共成景观。

10．借景

借景是指利用园外或远处景观来组织更为丰富的风景欣赏的一种极为重要

的造景手段。可以扩大空间，丰富景园。

二、园林空间艺术布局

（一）静态空间艺术构图

在一个相对独立的环境中，诸多因素的变化，使人的审美感受各不相同，有意识地进行构图处理，就会产生丰富多彩的艺术效果。

静态空间艺术是指相对固定的空间范围内的审美感受。

（1）按照活动内容划分。静态空间可分为：①生活居住空间；②游览观光空间；③安静休息空间；④体育活动空间等。

（2）按照地域特征划分。静态空间可分为：①山岳空间；②台地空间；③谷地空间；④平地空间等。

（3）按照开朗程度划分。静态空间可分为：①开朗空间；②半开朗空间；③闭锁空间等。

（4）按照构成要素划分。静态空间可分为：①绿色空间；②建筑空间；③山石空间；④水域空间等。

（5）按照空间大小划分。静态空间可分为：①超人空间；②自然空间；③亲密空间。

（6）按照形式划分。静态空间可分为：①规则空间；②半规则空间；③自然空间。

（7）按照空间的多少划分。静态空间可分为：①单一空间；②复合空间等。

（二）风景界面与空间感

由自然风景的景物面构成的风景空间，称为风景界面。景物面实质上是空间与实体的交接面。风景界面即局部空间与大环境的交接面，由天、地及四周景物构成。

风景界面主要有以下三种。

（1）风景底界面。可以是草地、水面、砾石或沙地、片石台地及溪流等类型。

（2）风景壁界面。常常为游人的主要观赏面，为悬崖峭壁、古树丛林、珠帘瀑布、峰林峡谷等。风景的壁面处理，除了自然景观，人工塑造观赏面也是我国造园中常采用的手法，如山崖壁面的石刻、半山寺庙等，均为风景界面增色不少。

（3）风景顶界面。一般情况下没有明显的界面，多以天空为背景，在溶洞中、石窟内，虽然有顶面存在，但不易长时间仰视观赏，多不被注意。

1．自然风景界面的类型

（1）涧式空间。两岸为峭壁，高宽比大，下部多为溪流。由于河床窄，绝壁陡而高，溪回景异，变换多姿，常给人幽深、奇奥的美感。

（2）井式空间。四周为山峦，空间的高宽比在 5∶1 以上，封闭感较强，常构成不流通的内部空间。

（3）天台式空间。多为山顶的平台，视线开阔，常是险峰上的“无限风光”之处。

（4）一线天空间。意指人置身于悬崖裂缝间只能看到一条狭窄缝隙的天。“一线天”可宽可窄、可长可短，宽者可接近嶂谷，窄者就像一条岩缝，仅能容一身穿行，给人险峻感、深邃感和奇趣感。

（5）山腰台地空间。在山腰或山脚上部，有突出于山体的台地，这种地势，一面靠山，三面开敞，开阔与封闭的对比较强，同时又因离开了山体，增强了层次效果，往往可造成较好的景观。

（6）动态流通空间。在溪流河道沿岸，山的起伏和层次变化，配以倒影效果，常富于景观变换，构成流通空间，宜动态观赏。

（7）洞穴空间。包括溶洞、山内裂隙、山壁岩层、天坑等，常给人以阴森、奇险之感。

（8）回水绝壁空间。当流水受阻，因水的切割而形成绝壁，同时，因水的滞流形成水汀，在深潭的出口，流速减缓而形成沙洲，这种空间有闭锁与开阔的对比。

（9）洲、岛空间。主要是沿海的沙洲、沿湖海的半岛与岛屿，特别是水库形成的众多小岛，使开阔的水面产生多层次和多变化的空间景观效果。

（10）植物空间。林中空地、林荫道等由植物组成的空间，是比地貌空间更有生命力的空间环境，也是自然风景空间必不可少的组成部分。

2．空间的分类

（1）开敞空间。开敞空间是指人的视线高于周围景物的空间。开敞空间内的风景称为开朗风景。高高的山岭、苍茫的大海、辽阔的平原都属于开敞空间。开敞空间可以使人的视线延伸到远方，给人以明朗开阔和胸怀敞亮的感受。

（2）闭锁空间。闭锁空间是指人的视线被周围景物遮挡住的空间。闭锁空间内的风景叫闭锁风景。闭锁空间给人以深幽之感，但也有闭塞感。

（3）纵深空间。纵深空间是指狭长的地域，如山谷、河道、道路等两侧视线被遮住的空间。纵深空间的端点，正是透视的焦点，容易引起人的注意，常在端部设置风景，谓之对景。

3．风景界面与空间感受

以平地（或水面）和天空构成的空间，有旷达感，所谓心旷神怡；以峭壁或高树夹持，其高宽比为6∶1～8∶1的空间有峡谷或夹景感；由六面山石围合的空间，则有洞府感；以树丛和草坪构成的不小于1∶3的空间，有明亮亲切感；以大片高乔木和矮地被组成的空间，给人以荫浓景深的感觉；一个山环水绕、泉瀑直下的围合空间给人清凉世界之感；一组山环树抱、庙宇林立的复合空间，给人以人间仙境的神秘感；一处四面环山、中部低凹的山林空间，给人以深奥幽静感；以烟云水域为主体的洲岛空间，给人以仙山琼阁的联想；中国古典园林的咫尺山林，给人以小中见大的空间感；大环境中的园中园，给人以大中见小（巧）的感受。

由此可见，巧妙地利用不同的风景界面组成关系进行园林空间造景，将给人们带来静态空间的多种艺术魅力。

（三）静态空间的视觉规律

1．最宜视距

视力正常的人的清晰视距为25～30 m，明确看到景物细部的视野为30～50 m，能识别景物类型的视距为150～270 m，能辨认景物轮廓的视距为500 m，能明确发现物体的视距为1 200～2 000 m，但已经没有最佳的观赏效果。至于远观山峦、俯瞰大地、仰望太空等，则是畅观与联想的综合感受了。

2．最佳视域

人的正常静观视域，垂直视角为130°，水平视角为160°。但按照人的视网膜鉴别率，最佳垂直视角小于30°、水平视角小于45°，即人们静观景物的最佳视距为景物高度的2倍或宽度的1.2倍，以此定位设景，则景观效果最佳。但是，即使在静态空间内，也要允许游人在不同部位赏景。对景物观赏的最佳视点有三个位置，即垂直视角为18°（景物高的3倍距离）、27°（景物高的2倍距离）、45°（景物高的1倍距离）。如果是纪念雕塑，则可以在上述三个视点距离位置为游人创造较开阔平坦的休息欣赏场地。

3．三远视景

（1）仰视高远。视景仰角分别大于45°、60°、90°时，由于视线的不同消失程度可以产生高大感、宏伟感和崇高感。若小于90°，则产生下压的危机感。这种视景法又称虫视法，在中国皇家宫苑和园林中常用此法突出皇权神威，或在山水园中创造群峰万壑、小中见大的意境。

（2）俯视深远。园林中也常利用地形或人工造景，创造制高点以供人俯视，绘画中称为鸟瞰。俯视也有远视、中视和近视的不同效果。一般俯视角小于45°、30°、10°时，则分别产生深远、深渊、凌空感。当小于0°时，则产生欲坠危机感，有“登泰山而一览众山小”“居天都而有升仙神游”之感，也产生人定胜天之感。

（3）中视平远。以视平线为中心的30°夹角视域，可向远方平视。利用创造平视观景的机会，将给人以广阔宁静的感受，坦荡开朗的胸怀。因此园林中常要创造宽阔的水面、平缓的草坪、开敞的视野和远望的条件。

三远视景都能产生良好的借景效果，根据“佳则收之，俗则屏之”的原则，对远景的观赏应有选择，但往往没有近景那么严格，因为远景给人的是抽象概括的朦胧美，而近景才给人以具象细微的质地美。

4．花坛设计的视角视距规律

独立的花坛或草坪花丛都是一种静态景观，一般花坛又位于视平线以下，根据人的视觉实践，当花坛的花纹距离游人渐远时，所看到的实际画面也随之而缩小变形。不同的视角范围内其视觉效果各有不同。

花坛或草坪花丛设计时必须注意以下规律。

（1）一个平面花坛，在其半径大约为4.5 m的区段观赏效果最佳。

（2）花坛图案应重点布置在离人1.5～4.5 m处，而靠近人1～1.5 m区段只铺设草坪或一般地被植物即可。

（3）在人的视点高度不变的情况下，花坛半径超过4.5 m时，花坛表面应做成斜面。

（4）当立体花坛的高度超过视点高度2倍时，应相应提高人的视点高度。

（5）如果人在一般平地上欲观赏大型花坛或大面积草坪花纹时，可采用降低花坛或草坪花丛高度的办法，形成沉床式效果。

（6）当花坛半径加大时，除了提高花坛坡度，还应把花坛图案成倍加宽，以便克服图案缩小变形的缺陷。

5．静态空间的尺度规律

既然风景空间是由风景界面构成的，那么界面之间相互关系的变化必然会给游人带来不同的感受。在一个空旷的草坪上或在一个浅盆景底盘上进行植物或山石造景时，其景物的高度和底面的关系在1∶6～1∶3时，景观效果最好。

三、动态序列艺术布局

（一）园林空间展示程序

中国古典园林多数都有规定，要有出入口、行进路线、空间分隔、构图中心、主次分明建筑类型和游憩范围。展示程序的规划路线布置不可简单地点线连接，而是把众多景区景点有机协调地组合在一起，使其具有完整统一的艺术结构和景观展示程序（景观序列）。

1．一般序列

一般简单的展示程序有两段式和三段式之分。两段式就是从起景逐步过渡到高潮而结束，如一般纪念陵园从入口到纪念碑的程序。但是多数园林具有较复杂的展出程序，大体上分为起景—高潮—结景三个段落。在此期间还有多次转折，由低潮发展为高潮，接着又经过转折、分散、收缩以至结束。

2．循环序列

为了适应现代生活节奏的需要，多数综合性园林或风景区采用了多向入口、循环道路系统、多景区景点划分、分散式游览线路的布局方法，以容纳成千上万游人的活动需求。因此现代综合性园林或风景区采用主景区领衔，次景区辅佐，多条展示序列。各序列环状沟通，以各自入口为起景，以主景区主景物为构图中心，以综合循环游览景观为主线，以方便游人、满足园林功能需求为主要目的来组织空间序列，这已成为现代综合性园林的特点。在风景区的规划中更要注意游赏序列的合理安排和游程、游线的有机组织。

3．专类序列

以专类活动内容为主的专类园林，有其各自的特点。植物园多以植物演化系统组织园景序列，如从低等到高等、从裸子植物到被子植物、从单子叶植物到双子叶植物，还有不少植物园因地制宜地创造自然生态群落景观形成其特色。动物园一般从低等动物到鱼类、两栖类、爬行类至鸟类、食草哺乳动物、食肉哺乳动物，乃至灵长类高级动物等，形成完整的景观序列，并创造出以珍稀动物为主的全园构图中心。某些盆景园也有专门的展示序列，如盆栽花卉与树桩盆景、树石盆景、山水盆景、水石盆景、微型盆景和根雕艺术等，这些都为空间展示提出了规定性序列要求，故称其为专类序列。

（二）园林道路系统布局序列

园林空间序列的展示，主要依靠道路系统的导游职能，有串联、并联、环形、多环形、放射、分区等形式。因此道路类型就显得十分重要。多种类型的道路体系为游人提供了动态游览条件，因地制宜的园景布局又为动态序列的展示打下了基础。

（三）风景园林景观序列的创作手法

1. 风景序列的主调、基调、配调和转调

景观序列的形成要运用各种艺术手法。对于植物景观要素，作为整体背景或底色的树林可为基调，作为某序列前景和主景的树种为主调，配合主景的植物为配调，处于空间序列转折区段的过渡树种为转调，过渡到新的空间序列区段时，又可能出现新的基调、主调和配调，如此逐渐展开就形成了风景序列的调子变化，从而产生不断变化的观赏效果。

2. 风景序列的起结开合

作为风景序列的构成，可以是地形起伏，水系环绕，也可以是植物群落或建筑空间，无论是单一的还是复合的，总应有头有尾、有放有收，这是创造风景序列常用的手法。

3. 风景序列的断续起伏

这是利用地形地势变化而创造风景序列的手法之一，多用于风景区或郊野公园。一般风景区山水起伏，游程较远，将多种景区景点拉开距离，分区段设置，在游步道的引导下，景序断续发展，游程起伏高下，从而达到引人入胜、渐入佳境的效果。

4. 园林植物景观序列与季节相和色彩布局

园林植物是风景园林景观的主体。植物有其独特的生态规律。在不同的立地条件下，利用植物个体与群落在不同季节的外形与色彩变化，再配以山石水景、建筑道路等，必将出现绚丽多姿的景观效果和展示序列。

5. 园林建筑群动向序列布局

园林建筑在风景园林中只占有 1% ～ 2% 的面积，却往往是某景区的构图中心，起到画龙点睛的作用。由于使用功能和建筑艺术的需要，对建筑群体组合的本身以及对整个园林中的建筑布置，均应有动态序列的安排。对一个建筑群组而言，应该有入口、门庭、过道、次要建筑、主体建筑的序列安排。对整个风景园林而言，从大门入口区到次要景区，最后到主景区，都有必要将不同功能的景区，有计划地排列在景区序列线上，形成一个既有统一展示层次，又有多样变化的组合形式，以达到应用与造景之间的完美统一。

第三节　风景园林设计方法

一、设计基本原则和方法

（一）景观设计形式

构成园林景观的基本要素有点、线、面、体、质感、色彩。如何组织这些要素创造优美的园林景观、构成秩序空间，需要掌握形式美的一般原则。

1. 统一与变化

统一与变化是形式美的主要关系。统一意味着部分与部分及整体之间的和谐关系；变化则表明它们之间的差异。统一应该是整体的统一，变化应该是在统一的前提下的有秩序的变化，变化是局部的。过于统一易使整体单调乏味、缺乏表情，变化过多则易使整体杂乱无章、无法把握。

2. 对比和相似

相似是由同质部分组合产生的，这种格调是温和的、统一的，但往往变化不足，显得单调。对比是异质部分组合时由于视觉强弱的结果产生的，其特点与相似相反。形体、色彩、质感等构成要素之间的差异是设计个性表达的基础，能产生强烈的形态感情，主要表现在量（多少、大小、长短、宽窄、厚薄）、方向（纵横、高低、左右）、形（曲直、钝锐、线面体）、材料（光滑与粗糙、软硬、轻重、疏密）、色彩（黑白、明暗、冷暖）等方面。同质部分成分多，相似关系占主导；异质成分多，则对比关系占主导。相似关系占主导时，形体、色彩、质感等方面产生的微小差异称为微差。当微差积累到一定程度后，相似关系便转化为对比关系。

3. 韵律与节奏

韵律是由构图中某些要素有规律地连续重复产生的，如园林中的廊柱，粉墙上的连续漏窗，道路边等距栽植的树木都具有韵律节奏感。重复是获得节奏的重要手段，简单的重复单纯、平稳；复杂的、多层面的重复中各种节奏交织在一起有起伏、动感，构图丰富时应使各种节奏统一于整体节奏之中。

（1）简单韵律。简单韵律是由一种要素按一种或几种方式重复而产生的连续构图。简单韵律使用过多易使整体气氛单调乏味，有时可在简单重复基础上寻找一些变化。

（2）渐变韵律。渐变韵律是由连续重复的因素按一定规律有秩序地变化形成的，如长度或宽度依次增减，或角度有规律地变化。

（二）设计的基本方法

1．注重构思立意

在一项设计中，方案构思往往占据着举足轻重的地位，方案构思的优劣决定整个设计的成败。好的设计在构思立意方面多有独到和巧妙之处。除此之外，对设计的构思立意还应善于发掘与设计有关的题材或素材，并用联想、类比、隐喻等手法加以艺术地表现。

总之，提高设计构思的能力需要设计者在自身修养上多下功夫，除了本专业领域的知识，还应注意诸如文学、美术、音乐等方面知识的积累，它们会潜移默化地对设计者的艺术观和审美观的形成起作用。另外，设计者平时要善于观察和思考，学会评价和分析好的设计，从中汲取有益的东西。

2．注重基地条件分析

基地条件分析是园林用地规划和方案设计中的重要内容，前面已介绍了规划中如何结合基地条件布置园林不同性质用地的方法。方案设计中的基地条件分析包括基地自身条件、视线条件和交通状况等现状内容。

3．注重方案比较

根据特定的基地条件和设置的内容多做一些方案加以比较，也是提高制作方案能力的一种方法。方案必须有创造性，各个方案应各有特点和新意而不能雷同。由于解决问题的途径往往不止一条，不同的方案在处理某些问题上也各有独到之处，因此，应尽可能地在权衡诸方案构思的前提下确定最终的合理方案。最终方案可以以某个方案为主，兼收其他方案之长；也可以将几个方案在处理不同方面的优点综合起来。

二、园林设计过程

园林设计的过程是一个由浅入深、从粗到细的不断完善过程。设计师应先进行基地调查，熟悉场地环境、社会文化环境和视觉环境，对所有与设计有关的内容进行概括和分析，在此基础上提出合理的方案。在方案确定后，需进一步结合工程技术、使用、景观等方面的要求与规范，对方案进行深化设计以达到可以实施的深度，最终完成设计。这种调查、分析、综合的设计过程可划分为五个阶段，即任务书阶段、基地调查和分析阶段、方案设计阶段、详细设计阶段以及施工图阶段。园林设计的每个阶段都有不同的内容，需要解决不同的问题，并且对设计表达和图纸也有不同的要求。

（一）调查收集资料

1．实地调查

实地调查包括地势环境、自然环境、植物环境、建筑环境、周边环境等，对现场哪些是该保留的部分、哪些是该遮挡的部分等进行初步认定和大致设想，同时进行测量、拍照、做现场草图的关键记录。

2．收集资料，信息交流

了解地方特色、传统文脉、地方文化、历史资料等，对综合资料信息有明确的认知。

3．根据调查，分析定位

在资料收集后进行各种分析，与投资方交流磋商，取得共识之后进行设计定位，确定公园的主题内容；根据游客数量提供相对应的休息场所和公共设施。

（二）构思构图概念性设计

1．功能区域的规划分析图

功能区域的规划分析图包括公园内功能区域的合理划分和大致分布、整体规划设计草图。围绕公园内的主题，对中心活动区域、休息区域、观赏区域、花园绿地、山石水景、车道步道等进行大致规划设计，然后在大的规划图中分别做不同种类的分析图如功能区域分析图、道路分析图、视点分析图、景观节点分析图等，同时还可调整大规划图的不足。

2．景观建筑分布规划图

景观建筑分布规划图包括桥、廊、亭、架等内容的面积、大小、位置的平面布局。构思平面的同时，设计出大体建筑造型式样草图。

3．植物绿地的配置图

凡公园都少不了植物绿地。植物绿地的面积划分、布局以及关键植物类型的指定，在规划时都要大致有一个整体配置草图，可以体现植物绿地面积在公园中所占比例，突出自然风景。

4．设计说明

设计说明一般是在设计理念确定后，在设计前调查分析的基础上撰写的设计思考，解决设计中的诸多问题及设计过程都是撰写设计说明的依据。设计说明不是说大话、说漂亮话，而是实实在在地撰写解决问题的巧妙方法及如何执行设计理念的过程，充分展示设计中的精彩处。要写出设计的科学规划与合情合理的设计布局，总结设计构思、创意、表现过程，突出公园设计主题以及功能等要素，阐明公园设计的必要性。为了能准确地分析现状地形及高程关系，也可作一些典型的场地剖面。

（三）设计制作正式图纸

1．总规划图的细化设计

总规划图仅仅是大概念图，具体还需要分解成几部分来细化完成。一般图纸比例尺在 1∶100、1∶200 以下制图为宜，比例尺太大无法细化。图纸是表达设计意图的基本方式，因此，图纸的准确性是实现设计的唯一途径，细化图纸是在严格的尺寸下进行的，否则设计方案无法得以实现。

2．局部图的具体设计

分块的平面图中不能完全表现设计意图时，往往需要画局部详细图加以说明。局部详细图是在原图纸中再次局部放大进行制作的，目的是更加清晰明了地表现设计中的细小部分。

3．立面图、剖面图、效果图的制作与设计

平面图只能表现设计的平面布局，而公园设计是三维空间的设计，长、宽、高以及深度的尺寸必须靠正投影的方式画出不同角度的正视、左右侧视、后视的立面图。因此，要在平面图的基础上拉出高度，制作立面图。

设计中有时对一些特殊的情况要加以说明时，剖面图也是经常要制作的。比如：高低层面不同、阶层材质不同、上下层关系、植物高低层面的配置等都需要借助剖面图来表达和说明。而效果图则是表现立体空间的透视效果，根据设计者的设计意图选择透视角度。如果想表现实地观看的视觉感，则以人的视角高度用一点透视来画效果图，其效果图因视角范围较小，表现的视角内的景物很有限。如果想表现较大、较完整的设计场面，一般采用鸟瞰透视的效果图画法。这要根据设计者的具体设计意图来决定。

4．材料使用一览表

设计中选用材料也是需要精心考虑的。使用不同的材料，实际效果也会完全不一样，但无论用什么材料都必须有统计，需要有一个明细表，也就是材料使用一览表。在有预算的情况下还必须考虑到使用材料的价格问题，合理地使用经费。

材料使用一览表一般要与平面图纸配套，平面图中的图形符号与表中图形符号相一致，这样可以清晰地看到符号代表哪些材料以及使用情况，统计使用

的材料可通过一览表的内容作预算。

材料使用一览表可以分类制作，如植物使用一览表、园林材料使用一览表、公共设施使用一览表等，也可混合制作在一起。原则上是平面图纸上的符号与材料使用一览表配套制作，图中的符号必须一致。

（四）设计制作施工图纸

1．放样设计

图纸放样一般用 3 m×3 m 或 5 m×5 m 的方格进行放样。可根据实际情况来定，根据图形和实地面积的复杂与简单来定方格大小、位置。有的小面积设计、参照物又很明确的则无须打格放样，有尺寸图即可。放样设计没有固定标准格式，主要以便于指导施工现场定点放样为准，方便施工。

2．施工图纸的具体化设计

施工图内容包括很多，如河床、小溪、阶梯、花坛、墙体、桥体、道路铺装等的制作方法，还有公共设施的安装基础图样、植物的栽植要求等。

3．公共设施配置图

在调查的基础上合理预测使用人数，配置合理的公共设施是人性化设计的具体体现，如垃圾箱放置在什么地方利用率高，使用方便；路灯高度与灯距怎样设置才最经济、最实用。这些都是围绕使用方便的角度去考虑的，不是随意配置，胡乱地配置是一种浪费而不负责的行为，应该尊重客观事实合理配置，配置位置要按照实际比例画在平面图上。

公共设施不一定是设计师本人设计，可以选择各厂家的样本材料进行挑选。选择样品时要注意选择与设计的公园环境相统一的，切忌同一种功能设施却选用了各种各样的造型设施。例如，选择各种各样的垃圾箱造型放置在一个公园内，会使人感到垃圾箱造型在公园中大汇集，严重破坏环境的整体感，一定要注意避免。

选用的样品必须在公共设施配置图后附上，并在平面图上用统一符号表示清楚，公共设施配置图一目了然，什么样的产品设置在哪儿，施工的位置应很明确。

（五）绘图表现

（1）计算机制图省时不省工，它必须在严密的数据之下操作。在很短的时间内制作效果图的话，一般不如手绘快。

（2）手绘图纸在设计思考中徒手而出，利于构思、构图、出效果。

（3）手绘的图纸有亲切感，柔和。在表达曲线、柔软的物体方面要比计算机自然。虽然计算机可粘贴图片，图形很真实，但角度的调整、树姿的多变等方面与手绘相比要差。电脑制作的图比较生硬，面面俱到，手绘的画面可以用艺术手法强调或减弱所想表现的内容。

（4）在画局部小景观时手绘要方便得多，计算机在绘制大型景观规划时比较擅长，尤其是需要反复修改的图纸，比手绘方便，利于保管。

（5）手绘效果图常常在与顾客洽谈中，即时勾勒出草图，可随时与顾客交谈决定最初方案。国外至今仍保留了手绘效果图的传统。手绘设计精彩动人的效果图，往往会打动人的心灵，像艺术作品一样被人们欣赏。然而，随着现代化的发展，人的手工能力在退化，效果图画得很好的设计师越来越少，但也越来越被人们看重。

第二章

风景园林综合设计要素

第一节 园林种植设计的基本形式

一、种植设计的基本原则

园林植物在进行设计的时候不仅要遵循生态学原理，根据植物自身的生态要求进行因地制宜的设计，还要结合美学原理，兼顾生态和人文美学。师法自然是设计的前提，胜于自然是从属要求。园林植物资源丰富，对植物形态的多方面把握，采用美学原理，把每种植物运用在园林中，在充分展示植物特色，营造良好生态景观的同时，还要形成景观上的视觉冲击。因此，园林中植物设计不与林学上的植物栽植相同，而是有其独特的要求。

1. "适地适树"，以场地性质和功能要求为前提

园林植物的设计，要从园林场地的性质和功能出发。在园林中，植物是园林灵魂的体现，利用植物的地方很多，使用的方式也很多，不同的地段和地块，都有着具体的园林设计功能需求。

街道绿地是园林设计中比较常见的。针对街道，要解决的是荫蔽，用行道树制造一片绿荫，达到供行人避暑的目的，同时，还要考虑运用行道树来组织交通，注意行车时候对视线遮挡的实际问题，以及整个城市的绿化系统统一美化的要求。在公园设计中一般有可供大量游人活动的大草坪或者广场，以及避暑遮阴的乔灌木、密林、疏林、花坛等观赏实用的植物群。工厂绿化在日益发达的工业发展中，逐步被人重视，它涉及工厂的外围防护、办公区的环境美化，以及休息绿地等板块。

植物的生长习性各不相同，喜光、喜阴、喜酸性土壤、喜中性土壤、喜碱性土壤、喜欢干燥、喜欢水湿，或长日照和短日照植物等各有不同需求。根据“物竞天择，适者生存”的理念，在园林场地与植物生长习性相背的情况下，植物往往会生长缓慢，表现出各种病状，最终逐渐死亡，因此，在植物种植设计时，应当根据园林绿地各个场地进行实地考察，在光照、水分、温度以及风力等实际方面多做工作，参照乡土植物，合理选取，配置相应物种，使各种不同习性的植物能在相对较适应的地段生长，形成生机盎然的景观效果。

本土植物是指产地在当地或起源于当地的植物，即长期生存在当地的植物种类。这类植物在当地经历了漫长的演化过程，其生理、遗传、形态特征与当地的自然条件相适应，具有较强的生存能力。本土植物是各个地区最适合在当地用于绿化的树种，可以有效提高植物的存活率和自然群落的稳定性，做到适地适树。同时，本土植物也是最经济的树种，运输管理费用相对较低。

2. 以人为本的原则

任何景观都是为人而设计的，但人的需求并非完全是对美的享受，真正的以人为本应当满足人作为使用者的最根本的需求。植物景观设计亦是如此，设计者必须掌握人们的生活和行为的普遍规律，使设计能够真正满足人的行为感受和需求，即必须实现其为人服务的基本功能。因此，植物景观的设计必须符合人的心理、生理、感性和理性需求，把服务和有益于人的健康和舒适作为植物景观设计的根本，体现以人为本，满足居民“人性回归”的渴望，力求做到景色宜人、为人所用、尺度适宜、亲切近人，达到人景交融的亲情环境。

3. 植物配置的多样性原则

植物的多样性充分体现了当地植物品种的丰富性和植物群落的多样性。各种植物在适宜自身环境下生长、发育、繁殖，都会有其独特的形态特征和观赏特点。就木本植物而言，每一种树木在花、叶、果、枝干、树形等方面的观赏特性都各不相同。在城市园林中，由于有大量的高大建筑、硬质铺装，通常情况下，需要选用多种园林观赏植物来形成丰富多彩的园林绿地景观，提高园林绿地的艺术水平和观赏价值，优化城市绿化系统。多样性植物的运用，根据植物的季相性变化，会使城市园林绿地在各个季度呈现出不同的色彩、不同的生气，从而带来四季常青、生机盎然的优美景观。

多种植物的选用，可以对城市不同地段的光照、水分、土壤和养分等多种生态条件进行合理的利用，获得良好的生态效益。植物的正常生长都需要一定的适宜环境条件，在城市中，光照、湿度及土壤的水分、肥力、酸碱性等生态条件有很大的差异，因此，仅用少数几种植物满足不了不同地段的各种立地条件，只有多种植物，才有了多种的环境条件的契合，可以有效地做到有地就有相宜植物与之搭配。城市绿化还要考虑到植物覆盖率以及单位面积植物活体量和叶面积指数，使用多种植物进行绿化，可以有效提高以上参数，同时还可以增加居住区内绿地，实现净化空气、消减噪声、改善小环境气候等功能。

4．满足生态要求的“人工群落”原则

植物种植设计时，要遵循自然生态要求，顺应自然法则，形成植物生态群落。选择对应植物，构成相同群落元素，师法自然。

满足植物的生态要求有以下两个方面。

（1）要在选择植物树种时因地制宜，适地适树，使种植植物的生态习性和栽植点的生态条件基本能够得到统一。

（2）需要为植物提供合适的生态条件，如此才能使植物成活并正常生长。同时，对各种大小乔木、灌木、藤蔓、草本植物等地被植物进行科学的有机组合，各种形态、各种习性、各种季相、各种观赏要素合理配合，形成多层次复合结构的人工植物群落及良好的景观层次。

植物景观除了供人们欣赏，更重要的是能创造出适合人类生存的生态环境。它具有吸音除尘、降解污染、调节温湿度及防灾等生态效应，如何使这些生态效应得以充分发挥，是植物景观设计的关键。在设计中，应从景观生态学的角度，结合区域景观规划，对设计地区的景观特征进行综合分析，否则，会南辕北辙，适得其反。

5．满足艺术性、形式美法则

植物景观设计同样遵循绘画艺术和景观设计艺术的基本原则，即统一、调和、均衡和韵律四大原则。植物的形式美是植物及其“景”的形式，在一定条件下让人的心理产生愉悦感。它由环境、物理特性、生理感应三要素构成，即在一定的环境条件下，对植物间色彩明暗的对比、不同色相的搭配及植物间高低大小的组合，进行巧妙的设计和布局，形成富于统一变化的景观构图，以吸引游人，供人们欣赏。

完美的植物景观必须具备科学性与艺术性的高度统一，既满足植物与环境在生态适应上的统一，又要通过艺术构图原理体现出植物个体及群体的形式美，以及人们欣赏时所产生的意境美。意境是中国文学和绘画艺术的重要表现形式，同时也贯穿于园林艺术表现之中，即借植物特有的形、色、香、声、韵之美，表现人的思想、品格、意志，创造出寄情于景和触景生情的意境，赋予植物人格化。这一从形态美到意境美的升华，不但含义深邃，而且达到了“人与自然和谐统一”的境界。植物景观中艺术性的创造是极为细腻复杂的，需要巧妙地利用植物的形态、线条、色彩和质地进行构图，并通过植物的季相变化来创造瑰丽的景观，表现其独特的艺术魅力。

6. 师法自然

植物景观设计中栽培群落的设计，必须遵循自然群落的发展规律，并从丰富多彩的自然群落组成、结构中借鉴，保持群落的多样性和稳定性，这样才能从科学性上获得成功。自然群落内各种植物之间的关系是极其复杂和矛盾的，主要包括寄生关系、共生关系、附生关系、生理关系、生物化学关系和机械关系。在实现植物群落物种多样性的基础上，考虑这些种间关系，有利于提高群落的景观效果和生态效益。

二、乔木和灌木种植形式

乔木是植物景观营造的骨干材料，形体高大，枝叶繁茂，绿量大，生长年限长，景观效果突出，在种植设计中占有举足轻重的地位，能否掌握乔木在园林中的造景功能，将是决定植物景观营造成败的关键。“园林绿化，乔木当家”，乔木体量大，占据园林绿化的最大空间，因此，乔木树种的选择及其种植类型反映了一个城市或地区的植物景观的整体形象和风貌，是种植设计首先要考虑的问题。

灌木在园林植物群落中属于中间层，起着乔木与地面、建筑物与地面之间的连贯和过渡作用。其平均高度基本与人平视高度一致，极易形成视觉焦点，在植物景观营造中具有极其重要的作用，而且灌木种类繁多，既有观花的，也有观叶、观果的，更有花果或果叶兼美者。

（一）孤植

孤植是指在空旷地上孤立地将一株或几株同一种树木紧密地种植在一起，用来表现单株栽植效果的种植类型。

孤植树在园林中既可作主景构图，展示个体美，也可作遮阴之用。在自然式、规则式中均可应用。孤植树主要是表现树木的个体美，如奇特的姿态、丰富的线条、浓艳的花朵、硕大的果实等，因此孤植树在色彩、芳香、姿态上要有美感，具有很高的观赏价值。

孤植树的种植地点要求比较开阔，不仅要保证树冠有足够的空间，而且要有比较合适的观赏视距和观赏点。为了获得较清晰的景物形象和相对完整的静态构图，应尽量使视角与视距处于最佳位置。通常垂直视角为26°～30° 、水平视角为45°时观景较佳。

在安排孤植树时，要让人们有足够的活动场地和恰当的欣赏位置，尽可能与天空、水面、草坪、树林等色彩单纯而又有一定对比变化的背景加以衬托，以突出孤植树在体量、姿态、色彩等方面的特色。

适合作孤植树的植物种类有雪松、白皮松、油松、圆柏、侧柏、金钱松、银杏、槐树、毛白杨、香樟、椿树、白玉兰、鸡爪槭、合欢、元宝枫、木棉、凤凰木、枫香等。

（二）对植

对植是指用两株或两丛相同或相似的树，按一定的轴线关系，有所呼应地在构图轴线的左右两边栽植。在构图上形成配景或夹景，很少作主景。

两株树的对植包括以下两种情况。

（1）对称式。建筑物前一边栽植一株，而且大小、树种要对称，两株树的连线与轴线垂直并等分。

（2）非对称式。两边植株体量不等或栽植距离不等，但左右是均衡的，多用于自然式。选择的树种和组成要比较近似，栽植时注意避免呆板的绝对对称，但又必须形成对应，给人以均衡的感觉。如果两株体量不一样，可在姿态、动势上取得协调。种植距离不一定对称，但要均衡，如路的一边栽种雪松，一边栽种月季，体量上相差很大，路的两边是不均衡的，可以加大月季的栽植量来达到平衡的效果。对植主要用于强调公园、建筑、道路、广场的出入口，突出它的严整气氛。

（三）列植

列植树种要保持两侧的对称性，当然这种对称并不是绝对的对称。列植在园林中可作为园林景物的背景，种植密度较大的可以起到分隔空间的作用，形成树屏，这种方式使夹道中间形成较为隐秘的空间。通往景点的园路可用列植的方式引导游人视线，这时要注意不能对景点造成压迫感，也不能遮挡游人。在树种的选择上要考虑能对景点起到衬托作用的种类，如景点是已故伟人的塑像或纪念碑，列植树种就应该选择具有庄严肃穆气氛的圆柏、雪松等。行列栽植形成的景观比较整齐、单纯、气势大，是公路、城市街道、广场等规划式绿化的主要方式。

在树种的选择上，要求有较强的抗污染能力，在种植上要保证行车、行人的安全，然后还要考虑树种的生态习性、遮阴功能和景观功能。

列植的基本形式有以下两种。

（1）等行等距。从平面上看是正方形或品字形。它适合用于规则式栽植。

（2）等行不等距。行距相等，但行内的株距有疏密变化，从平面上看是不等边三角形或不等边四边形。可用于规则式或自然式园林的局部，也可用于规划式栽植到自然式栽植的过渡。

（四）丛植

树丛有较强的整体感，是园林绿地中常用的一种种植类型，它以反映树木的群体美为主。从景观角度考虑，丛植须符合多样统一的原则，所选树种的形态、姿势及其种植方式要多变，不能对植、列植或形成规则式树林。所以要处理好株间、种间的关系，整体上要密植，像一个整体，局部又要疏密有致。树丛作为主景时四周要空旷，有较为开阔的观赏空间和通透的视线，或栽植点位置较高，使树丛主景突出。树丛栽植在空旷草坪的视点中心上。

丛植具有极好的观赏效果，在水边或湖中小岛上栽植，可作为水景的焦点，能使水面和水体活泼而生动，公园进门后栽植一丛树，既可观赏又有障景的作用。

树丛还可作为假山、雕塑、建筑物或其他园林设施的配景。同时，树丛还能作背景，如用雪松、油松或其他常绿树丛作背景，前面配置桃花等早春观花树木或花境均有很好的景观效果。树丛设计必须以当地的自然条件和总的设计意图为依据，用的树种虽少，但要选得准，以充分掌握其植株个体的生物学特性及个体之间的相互影响，使植株在生长空间、光照、通风、温度、湿度和根系生长发育方面，都取得理想效果。

（五）群植

群植是由十几株到二三十株的乔灌木混合成群栽植而成的类型。群植可以由单一树种组成，也可由数个树种组成。由于树群的树木数量多，特别是对较大的树群来说，树木之间的相互影响、相互作用会变得突出，因此在树群的配植和营造中要注意各种树木的生态习性，创造满足其生长的生态条件，在此基础上才能设计出理想的植物景观。从生态角度考虑，高大的乔木应分布在树群的中间，亚乔木和小乔木在外层，花灌木在更外围。要注意耐阴种类的选择和应用。从景观营造角度考虑，要注意树群林冠线起伏，林缘线要有变化，主次分明，高低错落，有立体空间层次，季相丰富。

群植所表现的是群体美，树群应布置在有足够距离的开敞草地上，如靠近林缘的大草坪、宽广的林中空地、水中的小岛屿等。树群的规模不宜过大，在构图上要四面空旷，树群的组合方式最好采用郁闭式，树群内通常不允许游人进入。树群内植物的栽植距离要有疏密的变化，要构成不等边三角形，切忌成行、成排、成带地栽植。

（六）林植

凡成片、成块大量栽植乔灌木，以构成林地和森林景观的称为林植。林植多用于大面积公园的安静区、风景游览区或休、疗养区以及生态防护林区和休闲区等。根据树林的疏密度可分为密林和疏林。

1．密林

郁闭度 0.7 ～ 1.0，阳光很少透入林下，所以土壤湿度比较大，其地被植物含水量高、组织柔软、脆弱、禁不住踩踏，不便于游人活动，仅供散步、休息，给人以葱郁、茂密、林木森森的景观享受。密林根据树种的组成又可分为纯林和混交林。

（1）纯林。由同一树种组成，如油松林、圆柏林、水杉林、毛竹林等，树种单一。纯林具有单纯、简洁之美，但一般缺少林冠线和季相的变化，为弥补这一缺陷，可以采用异龄树种来造景，同时可结合起伏的地形变化，使林冠线得以变化。林区外缘还可以配植同一树种的树群、树丛和孤植树，以增强林缘线的曲折变化。林下可种植一种或多种开花华丽的耐阴或半耐阴的草本花卉，或是低矮的开花繁茂的耐阴灌木。

（2）混交林。由多种树种组成，是一个具有多层结构的植物群落。混交林季相变化丰富，充分体现质朴、壮阔的自然森林景观，而且抗病虫害能力强。供游人欣赏的林缘部分，其垂直成层构图要十分突出，但又不能全部塞满，以免影响游人的欣赏。为了能使游人深入林地，密林内部有自然路通过，或留出林间隙地造成明暗对比的空间设草坪座椅极有趣味，但沿路两旁的垂直郁闭度不宜太大，以减少压抑与恐慌，必要时还可以留出空旷的草坪，或利用林间溪流水体，种植水生花卉，也可以附设一些简单构筑物，以供游人作短暂休息之用。大面积的密林种植可采用片状混交，小面积的密林种植多采用点状混交，一般不用带状混交，要注意常绿与落叶、乔木与灌木林的配合比例，以及植物对生态因子的要求等。单纯密林和混交密林在艺术效果上各有其特点，前者简洁后者华丽，两者相互衬托，才能特点突出。从生物学的特性来看，混交密林比单纯密林好，园林中纯林不宜太多。

2．疏林

郁闭度 0.4 ～ 0.6，常与草地结合，故又称疏林草地。疏林草地是园林中应用比较多的一种形式，不论是鸟语花香的春天，还是浓荫蔽日的夏日，或是晴空万里的秋天，游人总喜欢在林间草地上休息、看书、野餐等，即便在白雪皑皑的严冬，疏林草地仍具风范。所以，疏林中的树种应具有较高的观赏价值，树冠宜开展，树荫要疏朗，生长要强健，花和叶的色彩要丰富，树枝线条要曲折多变，树干要有欣赏性，常绿树与落叶树的搭配要合适。树木的种植要三五成群，疏密相间，有断有续，错落有致，构图上生动活泼。林下草坪应含水量少，坚韧而耐践踏，游人可以在草坪上活动，且最好秋季不枯黄。疏林草地一般不修园路，但如果是作为观赏用的嵌花疏林草地，应该有路可走。

（七）篱植

由灌木或小乔木以近距离的株行距密植，栽成单行或双行的，其结构紧密的规则种植形式，称为绿篱。绿篱在城市绿地中起分隔空间、屏障视线、衬托景物和防范作用。

1．篱植的类型

（1）按高度划分。①矮篱：0.5 m 以下，主要作为花坛图案的边线，或道路旁、草坪边来限定游人的行为。矮篱给人以方向感，既可使游人视野开阔，又能形成花带、绿地或小径的构架。②中篱：0.5 ～ 1.2 m，是公园中最常见的类型，用作场地界线和装饰。能分离造园要素，但不会阻挡参观者的视线。③高篱：1.2 ～ 1.6 m，主要用作界线和建筑的基础种植，能创造完全封闭的私密空间。④绿墙：1.6 m以上，用作阻挡视线、分隔空间或作背景。如珊瑚树、圆柏、龙柏、垂叶榕、木槿、枸橘等。

（2）按特点分花篱。①叶篱：大叶黄杨、黄杨、圆柏等为最常见的常绿观叶绿篱。②果篱：由紫珠、枸骨、火棘、枸杞、假连翘等观果灌木组成。③彩叶篱：由红桑、金叶榕、金叶女贞、金心黄杨、紫叶小檗等彩叶灌木组成。④刺篱：由枸橘、小檗、枸骨、黄刺玫、花椒、沙棘、五加等植物体有刺的灌木组成。

2．篱植在园林中的作用

篱植除了可用来围合空间和防范外，在规则式园林中篱植还可作为绿地的分界线，装饰道路、花坛、草坪的边线，围合或装饰几何图案，形成别具特点的空间。篱植还是分隔、组织不同景区空间的一种有效手段，通常用高篱或绿墙形式来屏障视线、防风、隔绝噪声，减少景区间的相互干扰。高篱还可以作为喷泉、雕塑的背景。篱植的实用性还体现在屏障视线，遮挡土墙与墙基、路基等。

三、藤蔓植物在园林中的应用形式

1．棚架式绿化

选择合适的材料和构件建造棚架，栽植藤蔓植物，以观花、观果为主要目的，兼具遮阴功能，这是园林中最常见、结构造型最丰富的藤蔓植物景观营造方式。应选择生长旺盛、枝叶茂密的植物材料，对体量较大的藤蔓植物，棚架要坚固结实。可用于棚架的藤蔓植物有葡萄、猕猴桃、紫藤、木香等。棚架式绿化多用于庭院、公园、机关、学校、幼儿园、医院等场所，既可观赏，又给人们提供了一个纳凉、休息的理想场所。

2．绿廊式绿化

选用攀缘植物种植于廊的两侧，并设置相应的攀附物，使植物攀缘而上直至覆盖廊顶形成绿廊。也可在廊顶设置种植槽，使枝蔓向下垂挂形成绿帘。绿廊具有观赏和遮阴两种功能，在植物选择上应选用生长旺盛、分枝力强、枝叶稠密、遮阴效果好而且姿态优美、花色艳丽的种类。如紫藤、金银花、铁线莲、叶子花、炮仗花等。绿廊既可观赏，廊内又可形成私密空间，供人们游赏或休息。在绿廊植物的养护管理上，不要急于将藤蔓引至廊顶，注意避免造成侧方空虚，影响观赏效果。

3．墙面绿化

把藤蔓植物通过牵引和固定使其爬上混凝土或砖制墙面，从而达到绿化美化的效果。城市中墙面的面积大，形式多样，可以充分利用藤蔓植物来加以绿化和装饰，以此打破墙面呆板的线条，柔化建筑物的外观。

墙面绿化应根据墙面的质地、材料、朝向、色彩、墙体高度等来选择植物材料。对于质地粗糙、材料强度高的混凝土墙面或砖墙，可选择枝叶粗大、有吸盘、气生根的植物，对于墙面光滑的马赛克贴面，宜选择枝叶细小、吸附力强的络石，对于表层结构光滑、材料强度低且抗水性差的石灰粉刷墙面，可用藤蔓月季、凌霄等。墙面绿化还应考虑墙体的颜色，砖红色的墙面可选择开白花、淡黄色的木香或观叶的常春藤。

4．篱垣式绿化

篱垣式绿化主要用于篱笆、栏杆、铁丝网、矮墙等处的绿化，既具有围墙或屏障的功能，又有观赏和分割的作用。用藤蔓植物爬满篱垣栅栏形成绿墙、花墙、绿篱、绿栏等，不仅具有生态效益，使篱笆或栏杆显得自然和谐，而且生机勃勃，色彩丰富。由于篱垣的高度一般较矮，对植物材料的攀缘能力要求不高，因此几乎所有的藤蔓植物都可用于此类绿化，但具体应用时应根据不同的篱垣类型选用不同的植物材料。

5. 立柱式绿化

城市的立柱包括电线杆、灯柱、廊柱、高架公路立柱、立交桥立柱等，对这些立柱进行绿化和装饰是垂直绿化的重要内容之一。另外，园林中的树干也可作为立柱进行绿化，而一些枯树绿化后可给人老树生花、枯木逢春的感觉，景观效果好。立柱的绿化可选用缠绕类和吸附类的藤蔓植物，如地锦、常春藤、三叶木通、南蛇藤、络石、金银花等；对枯树的绿化可选用紫藤、凌霄、西番莲等观赏价值较高的植物种类。

6. 山石、陡坡及裸露地面的绿化

用藤蔓植物攀附于假山、石头上，能使山石生辉，更富有自然情趣，常用的植物材料有地锦、扶芳藤、络石、常春藤、凌霄等。陡坡地段难以种植其他植物，若不进行绿化，不仅影响城市景观，还会造成水土流失。利用藤蔓的攀缘、匍匐生长习性，可以对陡坡进行绿化，形成绿色坡面，既有观赏价值，又能形成良好的固土护坡作用，防止水土流失。藤蔓植物还是地被绿化的好材料，一些木质化程度较低的种类都可以用作地被植物，覆盖裸露的地面，如常春藤、蔓长春花、地锦、络石、扶芳藤、金银花等。

四、花卉及地被种植形式

花卉种类繁多、色彩艳丽、婀娜多姿，可以布置于各种园林环境中，是缤纷的色彩及各种图案纹样的主要体现者。园林花卉除了大面积用于地被以及与乔灌木构成复层混交的植物群落外，还常常作为主景，布置成花坛、花境等，极富装饰效果。

（一）花坛的应用与设计

花坛的最初含义是在具有几何形轮廓的植床内种植各种不同色彩的花卉，用花卉的群体效果来体现精美的图案纹样，或观赏盛花时绚丽景观的一种花卉应用形式。

花坛通常是具有几何形的栽植床，属于规则式种植设计；主要表现的是花卉组成的平面图案纹样或华丽的色彩美，不表现花卉个体的形态美；且多以时令性花卉为主体材料，并随季节更换，保证最佳的景观效果。

1. 花坛植物材料的选择

（1）花丛式花坛的主体植物材料。花丛式花坛主要由观花的一二年生花卉和球根花卉组成，开花繁茂的多年生花卉也可以使用。要求株丛紧密、整齐；开花繁茂，花色鲜明艳丽，花序呈平面开展，开花时见花不见叶，花期长而一致。如一二年生花卉中的三色堇、雏菊、百日草、万寿菊、金盏菊、翠菊、金鱼草、紫罗兰、一串红、鸡冠花等，多年生花卉中的小菊类、荷兰菊等，球根花卉中的郁金香、风信子、水仙、大丽花的小花品种等都可以用作花丛花坛的布置。

（2）模纹式花坛及造型花坛的主体植物材料。由于模纹花坛和立体造型花坛需要长时期维持图案纹样的清晰和稳定，因此宜选择生长缓慢的多年生植物（草本、木本均可），且以植株低矮、分枝密、发枝强、耐修剪、枝叶细小为宜，最好高度低于 10 cm。尤其是毛毡花坛，以观赏期较长的五色草类等观叶植物最为理想，花期长的四季秋海棠、凤仙类也是很好的选材，另外株型紧密低矮的雏菊、景天类、孔雀草、细叶百日草等也可选用。

2．花坛的设计要点

（1）花坛的布置形式。花坛与周围环境之间存在着协调和对比的关系，包括构图、色彩、质地的对比；花坛本身轴线与构图整体的轴线的统一，平面轮廓与场地轮廓相一致，风格和装饰纹样与周围建筑物的性质、风格、功能等相协调。花坛的面积也应与所处场地面积比例相协调，一般不大于 1/3，也不小于 1/15。

（2）花坛的色彩设计。花坛的主要功能是装饰性，即平面几何图形的装饰性和绚丽色彩的装饰性。因此在设计花坛时，要充分考虑所选用植物的色彩与环境色彩的对比，花坛内各种花卉间色彩、面积的对比。一般花坛应有主调色彩，其他颜色则起勾画图案线条轮廓的作用，切忌没有主次，杂乱无章。

（3）花坛的造型、尺度要符合视觉原理。人的视线与身体垂直线形成的夹角不同时，视线范围变化很大，超过一定视角时，人观赏到的物体就会发生变形。因此在设计花坛时，应考虑人的视线范围，保证能清晰观赏到不变形的平面图案或纹样。如采用斜坡、台地或花坛中央隆起的形式设计花坛，使花坛具有更好的观赏效果。

（4）花坛的图案纹样设计。花坛的图案纹样应该主次分明、简洁美观。忌在花坛中布置复杂的图案和等面积分布过多的色彩。模纹花坛纹样应该丰富和精致，但外形轮廓应简单。由五色草类组成的花坛纹样最细不可窄于 5 cm，其他花卉组成的纹样最细不少于 10 cm，常绿灌木组成的纹样最细在 20 cm 以上，这样才能保证纹样清晰。当然，纹样的宽窄也与花坛本身的尺度有关，应以与花坛整体尺度协调且在适当的观赏距离内纹样清晰为标准。装饰纹样风格应该与周围的建筑或雕塑等风格一致。标志类的花坛可以各种标记、文字、徽志作为图案，但设计要严格符合比例，不可随意更改；纪念性花坛还可以人物肖像作为图案；装饰物花坛可以日晷、时钟、日历等内容为纹样，但须精致准确，常做成模纹花坛的形式。

（二）花境的应用与设计

花境是园林中从规则式构图到自然式构图的一种过渡的半自然式的带状种植形式，以体现植物个体所特有的自然美以及它们之间自然组合的群落美为主题。

花境种植床两边的边缘线是连续不断的平行直线或是有几何轨迹可循的曲线，是沿长轴方向演进的动态连续构图；植床边缘可以有低矮的镶边植物；内部植物平面上是自然式的斑块混交，立面上则高低错落，既展现植物个体的自然美，又表现植物自然组合的群落美。

1．花境植物材料的选择

花境所选用的植物材料通常以适应性强、耐寒、耐旱、当地自然条件下生长强健且栽培管理简单的多年生花卉为主。为了满足花境的观赏性，应选择开花期长或花叶皆美的种类，株高、株形、花序形态变化丰富，以便于有水平线条与竖直线条之差异，从而形成高低错落有致的景观。种类构成须色彩丰富，质地有异，花期具有连续性和季相变化，从而使整个花境的花卉在生长期次第开放，形成优美的群落景观。宿根花卉中的鸢尾、萱草、玉簪、景天等，均是布置花境的优良材料。

2．花境的设计要点

（1）花境布置应考虑所在环境的特点。花境适于沿周边布置，在不同的场合有不同的设计形式，如在建筑物前，可以基础种植的形式布置花境，利用建筑作背景，结合立体绿化，软化建筑生硬的线条，道路旁则可在道路一侧、两侧或中央设置花境，形成封闭式、半封闭式或开放式的道路景观。

（2）花境的色彩设计。花境的色彩主要由植物的花色来体现，同时，植物的叶色，尤其是观叶植物叶色的运用也很重要。宿根花卉是色彩丰富的一类植物，是花境的主要材料。也可适当选用一些球根及一二年生花卉，使色彩更加丰富。在花境的色彩设计中可以巧妙地利用不同花色来创造空间或景观效果，如把冷色占优势的植物群放在花境后部，在视觉上有加大花境深度、增加宽度之感；在狭小的环境中用冷色调组成花境，有空间扩大感。在平面花色设计上，如有冷暖两色的两丛花，具相同的株形、质地及花序时，由于冷色有收缩感，若使这两丛花的面积或体积视觉相当，则应适当扩大冷色花的种植面积。

因花色可产生冷、暖的心理感觉，花境的夏季景观应使用冷色调的蓝、紫色系花，以给人带来凉爽之意；而早春或秋天用暖色的红、橙色系花卉组成花境，可令人产生温暖之感。在安静休息区设置花境宜多用冷色调花；如果为加强环境的热烈气氛，则可多使用暖色调的花卉。

花境色彩设计中主要有四种基本配色方法：①单色系设计；②类似色设计；③补色设计；④多色设计。设计中根据花境大小选择色彩数量，避免在较小的花境上使用过多的色彩而产生杂乱感。

（3）花境的平面和立面设计。构成花境的最基本单位是自然式的花丛。每个花丛的大小，即组成花丛的特定种类的株数的多少取决于花境中该花丛在平面上面积的大小和该种类单株的冠幅等。平面设计时，即以花丛为单位，进行自然斑块状的混植，每斑块为一个单种的花丛。通常一个设计单元（如 20 m）以 5 ～ 10 种以上的种类自然式混交组成。各花丛大小有变化，一般花后叶丛景观较差的植物面积宜小些。为使开花植物分布均匀，又不因种类过多造成杂乱，可把主花材植物分为数丛种在花境不同位置。在花后叶丛景观差的植株前方配植其他花卉给予弥补。使用球根花卉或一二年生草花时，应注意该种植区的材料轮换，以保持较长的观赏期。

花境的设计还应充分体现不同样型的花卉组合在一起形成的群落美。因此，立面设计应充分利用植物的株形、株高、花序及质地等观赏特性，创造出高低错落、丰富美观的立面景观。

（三）花丛的应用与设计

花丛是指根据花卉植株高矮及冠幅大小之不同，将数目不等的植株组合成丛配植于阶旁、墙下、路旁、林下、草地、岩隙、水畔等处的自然式花卉种植形式。花丛重在表现植物开花时华丽的色彩或彩叶植物美丽的叶色。

花丛既是自然式花卉配植的最基本单位，也是花卉应用最广泛的形式。花丛可大可小，小者为丛，集丛成群，大小组合，聚散相宜，位置灵活，极富自然之趣。因此，最宜布置于自然式园林环境，也可点缀于建筑周围或广场一角，对过于生硬的线条和规整的人工环境起到软化和调和的作用。

1．花丛花卉植物材料的选择

花丛的植物材料应以适应性强、栽培管理简单、能露地越冬的宿根和球根花卉为主，既可观花，也可观叶或花叶兼备，如芍药、玉簪、萱草、鸢尾、百合、玉带草等。栽培管理简单的一二年生花卉或野生花卉也可以用作花丛等。

2．花丛的设计要点

花丛从平面轮廓到立面构图都是自然式的，边缘不用镶边植物，与周围草地、树木等没有明显的界线，常呈现一种错综自然的状态。

园林中，根据环境尺度和周围景观，既可以单种植物构成大小不等、聚散有致的花丛，也可以将两种或两种以上花卉组合成丛。但花丛内的花卉种类不能太多，要有主有次；各种花卉混合种植，不同种类要高矮有别，疏密有致，富有层次，达到既有变化又有统一。花丛设计应注意以下两点。

（1）花丛设计避免花丛大小相等、等距排列，从而显得单调。

（2）花丛设计避免种类太多、配植无序，从而显得杂乱无章。

第二节　园林种植景观的功能设计

一、园林种植景观的生态功能

随着社会不断发展，人们不再局限于有吃有穿就是好日子的生活理想了，许许多多的人更加希望得到的是那些原始的自然的生活环境。的确，无论从主观上，还是客观科学事实上，生活在较为自然的环境中对人的身体健康有益，身心也会舒畅。而生态园林的到来为人们建造了一个可以欣赏自然、感受自然的平台，从它的多维空间感及特殊的艺术造型方面看，无不体现着美学特征。因此，人工的生态园林，不仅要体现自然美，更要具有一定的科学性、艺术性。良好的生态园林可以提供良好的观赏效果，同时还可以改善人们的生存环境。

1. 增加物种多样性，提升生态园林魅力

每一个生态园林都具有独特的美学价值，对于以人为本的现代城市，它无疑给生活在大都市的人们创设了一道空间艺术盛宴，它是结合了审美特征与审美规律的一门生态学科。生态园林景观是人为建设的自然景观，不仅要体现绿化之美，更要将生态园林中的生态多样性发展起来，融入自然，真正体现自然之美。

为了能够充分地利用现有的自然资源，把要建设的地域美化到最佳状态，有必要了解当地的气候、土质等自然状况。为了能够让建设的生态园林持续地发展下去，也有必要详细地调查以上的自然环境特点。在调查好当地的自然情况后，接下来就是选择合适的植物，对植物的要求要根据需求，对植物的质地、美观程度、色泽以及种植之后绿化的效果，选择几种合适的植物种植。

我国的生态园林正向着自然化、森林化的目标不断前进，而构建在人们生活中的生态园林自然更加贴近人的生活，让人们体会到自然与人的和谐发展对人类生活的重要性。自然中的各种植物，构建的群落式的自然之美，是生态园林的一大特点，建设这样的生态园林是科学与艺术的完美结合。因此对生态园林中植物的选择就很重要，选择合适的植物种类才能使生态园林有好的观赏性和功能性。在选择植物的时候，要考虑到美学价值，找到人们审美观的共同点，建造一个使人认可的生态园林。为了使生态园林完成美与内容的辩证统一，需要让静谧的自然展示动态美，使生态园林蕴含静谧之趣。生态园林是以植物造景为主的人工生态系统，不同种类的植物可以为打造一个可持续发展的生态园林创造一个良好的基础，选择合理的植物是营造成功生态园林的关键因素。利用草本、灌木、乔木等植物，利用它们自身生理结构的不同，从空间、时间、营养结构上合理地配置植物，规划一个合理的生态园林，并充分展示所用植物的美学价值。在构建生态园林时，植物的种类要尽量丰富，功能要尽量全面，这样才能构建既美观又富有实际意义的生态园林景观。除此之外，还需要考虑建设生态园林周边的环境，要使建设的园林可以和周边的环境结合得十分融洽，考虑其所处地的环境，建造层次丰富、复合型的植物生态群落。对于环境的考察，要考虑到其温度、湿度、水土、保温等因素，充分发挥生态园林的减小噪声、除尘等的效用。

生态多样性是评价一个生态园林好坏的重要标准。只有依照不同的生态园林实例，不断引入新的植物，为生态园林增添色彩，才能开发出具有美学价值的生态园林。群落的多样性取决于物种的多样性，它不仅可以展示出生态群落的观赏价值，还可以强化群落的生存能力，增强物种的抗逆性和恢复能力，多样性的物种构成的植物群落，可以更好地丰富生态景观，满足不同人的审美要求，发挥生态群落的作用。

对于城市生态园林的建造工作，要尽量选择当地的植物种类，把当地的树种作为骨干树种。在此基础上也不能放弃对一切外来植物种类的引进，在避免生物入侵的情况下，积极地引入容易成活的可适应的新植物，这样可以使当地的生态园林景观具有较高的观赏价值。合理运用当地的生态资源，发挥当地的自然优势，打造出一片具有当地自然风格的生态园林。另外，选择植物时还要保证植物的适应性强、光合作用能力强、美观大方及枝叶茂盛，有助于提高生态效益。在排布植物的位置时，要注意植物的营养生态位置，使植物以整体构成一个乔灌草合理结合的复合型植物生物群落。

2．促进生态景观的合理化建设理念

城市中的生态园林景观的规划工作，要遵循“因地制宜，展现特点，保证效用，不盲目进行”的原则，在建设生态园林之前要对所建设城市的历史、人文特点、民俗民风等环境因素进行了解，不能因为建设生态园林而毁坏了城市原有的自然面貌，破坏了城市本来的文化特色。

设计生态园林的时候要把所在地的文化因素考虑进去，保证园林的社会性、生态性、艺术性的统一和谐。要尊重当地的乡土风情，要以改善人们的生活环境、改善人文环境为出发点来打造园林。设计的过程就是将当地的自然特点汇集在一起，加上合理地引入外界的新种类植物，使已有的生态特点与外界的新颖生态特点相融合，可以保证生态园林的物种多样性和持续性。

从乡土植物的优点来看，乡土植物具有成本低廉、便于管理和栽培的特点，并且栽种后的成活率很高，也会较快地与园林中其他乡土生物融洽地生长在一起，所以乡土植物已成为园林中重要的主打类植物。种植乡土植物还可以有效地保护那些将要灭绝的植物种类，把它们集中起来管理，有助于阻止因为植物种类的减少而带来的环境问题，保护具有地方特色的植被，而且保护植被也会让当地的园林景观更加符合生态要求，可以更好地发挥生态作用。绿地的规划要细致，使绿地功能分区合理，这也是生态园林的基本要求之一，只有符合上述标准的生态园林才是现代化的合理园林。

二、园林种植景观的空间功能

植物本身是一个三维实体，是园林景观营造中组成空间结构的主要成分。枝繁叶茂的高大乔木可视为单体建筑，各种藤蔓植物爬满棚架及屋顶，绿篱整形修剪后颇似墙体，平坦整齐的草坪铺展于水平地面，因此植物也像其他建筑、山水一样，具有构成空间、分隔空间、引起空间变化的功能。

植物造景在空间上的变化，也可通过人们视点、视线、视境的改变而产生“步移景异”的空间景观变化。造园中运用植物组合来划分空间，形成不同的景区和景点，往往是根据空间的大小，树木的种类、姿态、株数多少及配置方式来组织空间景观。

（一）园林种植设计中的空间设计要点

一般来讲，植物布局应根据实际需要做到疏密错落，在有景可借的地方，植物配置要以不遮挡景点为原则，树要栽得稀疏，树冠要高于或低于视线。对视觉效果差、杂乱无章的地方要用植物材料加以遮挡。

大片的草坪地被，四面没有高出视平线的景物屏障，视界十分空旷，空间开朗，极目四望，令人心旷神怡，适于观赏远景。而用高于视平线的乔灌木围合环抱起来，形成闭锁空间，仰角越大，闭锁性也随之增大。闭锁空间适于观赏近景，感染力强，景物清晰，但由于视线闭塞，容易产生视觉疲劳。所以在园林景观设计中要应用植物材料营造既开朗又闭锁的空间景观，两者巧妙衔接，相得益彰，使人既不感到单调，又不觉得疲劳。

用绿篱分隔空间是常见的方式，在庭院四周、建筑物周围，用绿篱四面围合可形成一独立的空间，增强庭院、建筑的安全性和私密性；公路、街道外侧用较高的绿篱分隔，可阻挡车辆产生的噪声污染，创造相对安静的空间环境；国外还很流行用绿篱做成迷宫，增加园林的趣味性。

1. 园林静态空间布局

园林静态空间布局是指在视点固定的情况下所感受的空间画面。这与绘画具有很大的共同性，这时只有视线所及的四周景物，才对空间布局有用，在视线以外的景物可以不予考虑。在以上所说的线性排列空间、簇空间以及包含空间中，一般来说在每个空间的入口或者空间中某些需要游人停留的地方，往往需要考虑静态空间的配置和景点的安排。园林静态空间布局一般需要考虑以下要素。

（1）风景透视与视角、视距的关系。在园林中，不同视距、视角会使游人形成不同的风景感觉。适宜的视距、视角可以起到更好的渲染气氛的作用。一般视力正常的人，在距离景物 0.25 m 处，能够看清各种细节，属于最明视的距离。在距离植物 250 ～ 270 m 时，可以辨别出花木的类型。正常的眼睛在静止时，最大能看到垂直方向视角 130° 、水平方向视角 160° 范围的景物。园林中的主景，如建筑、小品、园景树、树丛等，景物最佳视域为垂直视场 30° 和水平视场 45° ，所以，在此范围内，应该安排游人停留、休息、欣赏的空间。

在园林中，有时为了营造景物特殊的感染力，还可以把主景树安排在仰视或俯视条件下来观赏。平视时，游人头部比较舒适，此时的感染力是静谧的、安宁的、深远的，没有紧张感，所以在安静休息处应该注意树丛与休息点的距离，空出足够空间，甚至营造非常开敞的空间，使游人视线延伸到无穷远的地方。当游人与景物不断接近，仰角超过 13° 时，为了较完整地欣赏景物，必须使头部微微仰起；如果继续接近，景物映像不能进入垂直视场 26° 范围时，必须抬头仰视；仰角超过 30° 时，显示出越来越紧张的感觉，可以突出所观景物的高耸感。这种手法常常用来突出建筑的高大感。当游人视点位置高，景物展开在视点下方时，不得不俯视观察。由山顶俯视山谷，景物位置越低，就显得越小，给游人一种“登泰山而小天下”的英雄气概，有征服自然的喜悦感。在中国自然风景当中，常有这种俯视景观，如黄山清凉台和峨眉金顶等，称为俯视景观或鸟瞰画面的典范。

在园林中，可以巧妙创造这种视觉景观与空间，尤其是大型园林和风景林，要很好地利用自然地形的起伏，营造各种空间，形成富于变化的仰视、俯视和平视视角风景。

（2）园林视觉造景方式。特别需要注意的是，无论哪种视角，在种植时一定要注意布置透景线。透景线两边的植物在景观上起到对景物的烘托作用，所以不能阻隔游人视线，不能在透景范围内栽植高于视点的乔木，而要留出充足的空间位置以表现透视范围的景物。

规则式园林在安排透景线时，常与直线的园路、规则的草坪、广场、水面统一起来；自然式园林常与河流水面、园路和草坪统一起来安排，从而使透景线的安排与园林的风格相一致，同时可以避免降低园林中乔木的栽植比例。在非常特殊的场合下，如风景区森林公园，原有树木很多，通过周密的安排，可以伐疏少量衰老或不健康的树木，以达到开辟透景线的作用。

2．园林动态空间布局

（1）变化与节奏。游人在行进时两侧的景物不断变化，这种连续的风景是有始有终的，有开始、高潮、结束的多样统一的连续风景。在这个连续的风景营造中，对比和变化的使用，可以营造出一种多样性的统一，从而产生节奏感。具体方法有：①断续。连续风景需要具有轻重缓急节奏，否则就会变得单调乏味。所谓“密林稠林，断续防他刻板”，就是这个道理。连续不断的同一个景物延续下去，尤其在空间营造中林带的延续，就会产生刻板、不生动的感觉，即缺乏节奏；反之，如果林带有断续，就可能产生节奏。②起伏曲折。起伏有致，曲折生情。通过起伏和曲折的变化，来形成构图的节奏。园林中河流及湖岸，即用曲折来产生节奏。③反复。连续风景中出现的景物，不能永远不变，也不能一刻不停地变化，这就要求有些景物在行进间反复出现，这样既可以打破因单调产生的变化，又不致太杂乱无章，失去重点。④空间开合。游人在园林中行进，有时空间开阔，有时空间闭锁，空间一开一合，可以产生节奏感。

（2）主调、基调与配调。在连续布局中必须有主调贯穿整个布局，拥有统率全局的地位，基调也必须自始至终贯穿整个布局，但配调则可以有一定变化。整个布局中，主调必须突出，基调和配调必须对主调起到烘云托月、相得益彰的作用。

（3）季相交替变化。园林植物随着季节的变化而时刻变换着外貌和色彩。植物作为园林空间构图中的主题，由于季相变化，就会引起园林空间面貌的季相变化。这种季相的变化，是与园林的功能要求以及艺术节奏相结合的，从而作出多样统一的安排，这就是季相构图。季相变化不仅考虑植物的荣枯，还要考虑其叶色、花期、果期、展叶期、落叶期等多方面的生物学特性，从而合理安排植物在所需营造空间中的季相特征。

园林植物从开花到结果，从展叶到落叶，随着时间的推移而不断变化，从色彩、光泽和体形都随着时间而不断变化，正是这种变化，在保证基本空间功能的基础上，赋予空间以更多的色彩和体验。在季相变化的构图中，不论是大型的风景区，还是小型的花园，从大型密林疏林到小型花坛花境的植物搭配，都要做到不偏荣偏枯，一年四季有序曲、有高潮、有结尾。每一个园林空间，每一种种植类型，在季相布局上，都应该各有特色、各有不同的高潮。有的可以以春花为高潮（如牡丹、樱花、梅花等主题景区），也可以以秋实为高潮（如石榴、柿树等）。

（二）园林植物种植空间营造的基本手法

1. 围合与分隔

要营造一个有效的植物空间，最基本的方法就是围合。利用植物将空间的垂直面进行围合，起到类似建筑墙面的作用。而围合所用植物材料的质地、色彩、形态、规格决定了所创造空间的特征。

植物围合出的空间的尺度变化可以很大，从小尺度的庭院到大尺度的公园中的疏林草地，它们都有特定的功能并满足使用者的需求。根据选择的植物材料和种植密度可以形成植物虚空间和实空间。虚空间围合种植密度低，利用稀疏的枝叶形成隐约的空间感；实空间树木紧凑，枝叶繁密，视线被局限在所围合的空间里。围合的程度决定了创造出的是 1/4 围合空间、1/2 围合空间、3/4 围合空间还是全围合空间。

利用植物材料不仅可以围合形成一定功能的园林空间，也可以在景观构成中充当像建筑物的地面、天花板、墙面等界定和分割空间的因素。

植物在园林中以不同高度和不同种类的地被植物或灌木丛来分隔空间，起到类似建筑屏风的作用，在一定程度上限制游人视线，达到引导游人游览的目的。在垂直面上，植物特别是乔木的树干如同外部空间中建筑物的支柱，以暗示的方式限制着空间，其空间封闭程度随着树干的大小、疏密以及种植形式的不同而变化。植物枝叶的疏密度和分枝高度影响着空间的闭合感。

2. 覆盖

围合空间是空间垂直面上的围合，而覆盖则是运用植物材料进行平面上的界定，包括地平面及顶平面两种形式。在地平面上，植物以不同高度和不同种类的地被植物来暗示空间的边界，一块草坪和一片地被植物之间的交界处，虽然不具有实体性的视线屏障，但暗示着空间范围的不同。在顶平面上，围合空间通常顶平面与自由的天空相连接，然而覆盖空间的顶平面是绿色植物。顶平面覆盖的形式、特点、高度及范围对它们所限定的空间特征同样产生明显的影响。

园林里最常见的亭子、楼阁、大棚、廊架是一种利用构筑物形成覆盖的方法，而植物材料覆盖一方面可以选择攀缘植物借助廊架和构筑物的构建来形成；另一方面可以选择具有较大的树冠和遮阴面积的大乔木孤植、对植、丛植、群植来形成。这时的植物犹如室内空间中的天花板或吊顶，限制了伸向天空的视线，并影响着垂直面上的尺度。

3．辅助

在园林绿地中，植物元素只是构成空间的因素之一，其他因素如地形、构筑物、道路等可以辅助植物形成更加丰富多样的空间类型。园林中的地形因素常常与植物配置不可分割，两者之间的配合设计对构成的空间有着增强或者减弱的作用。高处种高树，低处种矮树，可以加强地势起伏的感觉，反之，就减弱和消除了原有地形所构成的空间。

（三）园林植物空间的类型

1．开放性空间（开敞空间）

园林植物形成的开放性空间是指在一定区域范围内，人的视线高于四周景物的植物空间，一般在地面上种植低矮的灌木、地被植物、花卉及草坪而形成开敞空间。

这种空间没有私密性，是开敞、外向型的空间。游人在此空间活动时，是完全暴露的状态。另外，在较大面积的开阔草坪上，除了低矮的植物，有几株高大乔木点缀其中，并不阻碍人们的视线，也属开放性空间。

2．半开放性空间（半开敞空间）

半开放性空间是指在一定区域范围内，四周不完全开敞，而是某些部分用植物阻挡了游人的视线。根据功能和设计需要，开敞的区域有大有小，其共同特征是在开放的范围中种植低矮的植物材料，而在封闭的范围中种植高大的植物材料，在垂直方向上起到遮挡及封闭视线的作用。从一个开放性空间到封闭空间的过渡就是半开放空间。这种空间具有一定的私密性，游人在景观中处于半暴露的状态，即不同方向上的通透与遮蔽状态。当然，半开放性空间也可以将植物与其以外的园林要素如地形、山石、小品等相互配合，共同完成。半开敞空间的封闭面能够抑制人们的视线，从而引导空间的方向，达到“障景”的效果。如从公园的入口进入另一个区域，设计者常会采用先抑后扬的手法，在开敞的入口某一朝向用植物、小品来阻挡人们的视线，使人们一眼难以穷尽，待人们绕过障景物，进入另一个区域豁然开朗，使人心情愉悦。

3．冠下空间

冠下空间通常位于树冠下方与地面之间，也称覆盖空间，通过植物树干的分枝点高低、树冠的浓密来形成空间感。

高大的常绿乔木是形成覆盖空间的良好材料，此类植物不仅分枝点较高、树冠庞大，而且具有很好的遮阴效果，因树干占据的空间较小，所以无论是几株、一丛，还是成片栽植，都能够为人们提供较大的树冠下活动空间和遮阴休息的区域。游人的视线在此类空间中水平方向是通透的，但垂直方向是遮蔽的。此外，攀缘植物利用花架、拱门、木廊等攀附在其上生长，也能够构成有效的冠下空间。

4．封闭空间

封闭空间是指在游人所处的区域范围内，四周用植物材料封闭，垂直方向用树冠遮蔽的空间。此时游人视距缩短，视线受到制约，近景的感染力加强，景物历历在目，容易产生亲切感、宁静感和安全感。

5．竖向空间（垂直空间）

用植物封闭垂直面，开敞顶平面，就形成了竖向空间。分枝点较低、树冠紧凑的中小乔木形成的树列，修剪整齐的高树篱等，都可以构成竖向空间。由于竖向空间两侧几乎完全封闭，视线的上部和前方较开敞，极易产生“夹景”效果，以突出轴线景观，狭长的垂直空间可以起到引导游人行走路线，适当种植具有加深空间感的作用。公园、校园的入口处，常以甬路的形式出现，并在道路两旁种植高大圆锥形树冠的乔木来加强纵深感。在纪念性园林中，园路两边常栽植松柏类植物，使游人在垂直的空间中走向轴线终点瞻仰纪念碑时，会产生庄严、肃穆的崇敬感。

通常在一个园林中，往往会有以上各种空间围合形式。根据各类植物空间具有的不同特性，可在不同功能分区中加以应用。儿童活动区不需要有太多的私密性，要方便家长的看管、寻找、关注，因此多应用开放性空间；小型建筑如亭、榭、廊等具有观景、聊天等功能，多置于半开放空间中；老人活动区、休闲广场、停车场多采用冠下空间，既满足人们的活动需求，又可以起到遮蔽烈日的作用；恋爱角由于私密性较强，而多用封闭性空间以满足青年人谈恋爱所需要的环境氛围；园路、甬道则多用竖向空间，以加强指向性。

（四）空间单元的组合

植物作为构成园林景观的要素，是构成空间的弹性材料，是极富变化的动景，增添了园林的生机和野趣，丰富了景色的空间层次，起着划分景区、点缀景观、创造园林空间的作用；园林中的地表可以用不同高度和不同种类的植物来暗示空间的边界；如果没有花草树木，园林中的山水、建筑仅以空阔的蓝天作为背景，就会显得过分开敞、暴露，毫无园林情趣；用植物作背景，包围某一个景区，笼罩某一个景象，则建筑与山水产生尺度宜人、气氛幽静的空间感。

在园林设计中，可根据设计目的和空间性质（开旷、封闭、隐蔽等），相应地选取各类植物来组成开敞空间、半开敞空间、覆盖空间、完全封闭空间等不同的空间组合。高大树木、绿荫华盖，不仅创造了幽静凉爽的空间环境，还创造了富有变化的光影效果，产生“梧桐匝地，槐影当庭，墙移花影，窗映竹姿”的意境和情趣。浓郁的树木，可以形成建筑与山水的背景，而树冠的起伏层叠，又构成园林空间四周的丰富变化。层次深远的林冠线，打破或遮蔽了由建筑物顶部与园林界墙所形成的单调的天际线，使园林空间更富有自然情调。

1．空间的阶层顺序和连续顺序

（1）阶层顺序，即一种空间出现的顺位秩序。如依照公园的各个设施、景点的顺序，而产生的与之配合的空间顺序。有时可以落实为一种空间的表象顺序，如外向的—半外向的—内向的；写实的—折中的—抽象的；封闭的—半封闭的—开放的；等等。阶层顺序的主要内容是对各个空间规定性格的顺序，从视觉上形成各个空间的交替作用。在园林中这种空间的交替，使之分成若干段落的方法有很多，可以采用建筑、小品、水体、地形等园林要素来进行分隔，也可采用植物种类、种植方式转换进行分隔。

（2）确定空间的连续顺序。电影中将很多个镜头连接在一起，使之成为一个连贯画面，把空间的阶层顺序连接起来就成了连续顺序。长距离单一的空间，容易使游人在游览时产生乏味的感觉。在种植中利用园林要素，巧妙改变空间的方向、类型，变更园林要素的材质等，都能得到优美的连续顺序。如能很好地利用园林要素，则可起到加强空间的丰富性和趣味性作用。

2．空间过渡

用植物来组织空间，能够构成相互联系的空间序列，这时植物就像一扇扇门、一堵堵墙，引导人们进出和穿越一个个不同空间，可以取得似隔非隔，使相邻景象空间相互渗透的效果。浓郁的树木或竹丛，有时可以完全遮挡视线，使空间得到划分。

景观发生变化的位置，称为转折过渡区域。转折过渡区域有时以点的形式存在。在一个景区空间的结束处，点缀几株植物，可以对另一个景区空间起到引导与暗示作用，所谓“山重水复疑无路，柳暗花明又一村”的效果就显现出来，这几株植物组成的树丛，形成了空间过渡的转折点，起到了连接过渡点两侧空间的作用。另外，植物用在园林内外空间交接处，具有拓展园林空间感的效果。

3．空间组合

在组成景观空间的过程中，不同植物空间通过不同排列与过渡的形式可以创造出不同的景观空间。游人在欣赏景观的过程中，会不自觉地按照一定的次序在运动与驻足观赏中断续进行。因此，种植设计要充分考虑游人驻足观赏、停留的空间，否则设计只能产生道路效果，游人穿行其中不能停歇。根据游览形式不同，可以将空间组合分为线性排列空间、簇空间及包含空间等几种形式。

（1）线性排列空间。线性排列空间是指在整体布局中，各功能空间沿一条连续的交通流线依次展开，形成有序的递进关系。该类空间通常表现为单一路线串联多个独立空间，或各个空间沿行进方向平行排布，各自设有独立的出入口。行进的方向可以是直线、折线、曲线或不规则线，但整个游览线路连续并具有起点和终点。在线性排列空间组合中出现的每个独立空间可以相似，其平面大小、形状和封闭性也可以根据位置及功能的不同而变化。在这个线上的起点和终点空间由于标志着开始和结束而具有特殊的重要性，中间各个空间的重要性决定于它们在整个序列中的位置，或者决定于它们的大小、形态和主景元素。

（2）簇空间。簇空间群构成了另一种不同的空间组合方式。在这种组合方式中，组成的空间的相关性主要取决于它们之间的接近距离或距离道路或入口的远近。对称可以作为组合这种空间的一种方式，如果不是实的对称轴线，则这种虚轴更多的是一种联系它所分隔空间的视线或感知的轴线。

簇空间有多种交通组织方式。如果一个空间仅引向另一个，这就类同于压缩到一起的线性空间。常用的组织方式是根据各个空间的功能和重要性，形成道路网络加以连接。主要道路引导进入主要空间，通过其他过渡空间或次级路进入其他空间。另一种组织方式是营造一个大型的聚会和分散场所，类似于城市广场或演艺区，尽管是非线性静态的，却能与它相邻的周边空间有方便的交通联系。由于其在整个构图中的位置及其与其他空间良好的交通，这个聚集空间通常是最大和最重要的因素。

簇空间的组织方式适用于需要相对独立范围，同时又具有相似或相关活动的空间。一个常见的例子就是居住区内的私人庭院、公共空间和街道、游戏区和街区公园的关系。交通系统应该允许居民或参观者选择进入或不进入某些场地，这一点与线性排列空间仅提供一条预先设计好的序列不一样。这种复杂多变的簇空间形式可以在中国传统园林中见到，室内、室外、过渡、覆盖等空间都集中在封闭的院墙内。

为形成以上的空间，可采用对植、列植和丛植、群植的方式，形成引导、封闭、围合出符合空间序列和空间功能要求的场地。

（3）包含空间。一个或多个空间完全包含于一个大的围合空间内。被包含空间可以完全封闭并与包含的空间相隔离，或仅仅部分空间封闭，但仍然拥有与其包含空间明显不同的领域。一个包含空间序列理论上可以有两层（一个空间在另一个空间内）、三层、四层等，但实践中包含空间序列很少会有三层以上，在包含空间内的任何一层可以由不止一个空间组成。

包含空间序列可以是同心的，或者被包含空间根据交通和其他使用需求而不对称分布。与线性空间序列和簇空间不同，包含空间序列的功能决定于组成空间的相对尺度大小。如果被包含空间与包含空间相比很小，它就会具有明显视觉特征，并作为一个大空间内的主景，这个被包含空间会被认为是一个大空间内的实体而不是可以进入和游赏的空间。在另一方面，如果被包含空间太大，则包含空间没有足够的领域范围就会失去其独立性和主导特征。在这种情况下，或者是这两个空间的边界简单地相互强化形成双边界，或在边界间形成线性空间，最后成为一条环形道路。

包含空间序列给人以深刻、积极地进入边界，逐渐接近构图中心的感觉。任何组成包含序列空间的影响效果是由其相对大小、封闭程度和对视觉的吸引力决定的。通常而言，主导空间是那些最大或最内部的空间，因为这个才是构图的中心。其他附属空间起到辅助、增加多样性、分隔空间或为最内部空间提供缓冲或作为前奏的作用。

空间组合中出现的不同空间应该在满足功能的前提下富于变化。空间组合的起点和终点一般要求有标志性的设计，可以通过不同的配植手法，如利用树形、体量或者色彩等的对比来形成主体。在一些重点表现的空间需要设计者通过前景、中景和背景以及树丛的林缘线的较多层次变化来表现空间的进退和大小，用其精彩的设计作为整个空间组合的景观高潮。这样使游览者在欣赏景观时，能够感受到景观丰富度的不同，并在不同功能、大小、形式各异的空间中找到适合自己的空间进行一系列游憩活动。游人在顺序游览的过程中，空间围合、变化一定要丰富，否则长时间在某种或明或暗的光影效果空间中行进，会使之产生厌倦的感觉。在平面上，空间要有大小、形状的差异，在空间的光影效果上要表现为明暗的交替、郁闭度的变化。

第三节　风景园林的地形设计

一、地形概述

（一）地形的特征

地形或称地貌，是指地球表面由内、外动力相互作用形成的多种多样的外貌或形态。地形可以通过各种途径加以归类和评估，这些途径包括它的形态、规模、坡度、地质构造等。

（二）地形的功能

地形的塑造与利用全依赖设计师的技能和想象，但必须牢记的是，在设计中无论设计师如何使用地形这个因素，最终都会对所有布局在地面上的因素产生影响，因此必须科学认真地分析地形的功能。

1．分割空间

地形可以利用许多不同的方式创造和限制外部空间。可以挖掘或填充现有平面来创造空间，也可以改变原有凸形地貌或水平面来营建空间。用地形来界定户外空间，以下三个要素会很明显地影响对空间的感受。

（1）空间的底面范围。空间的底面范围是指空间的底面或基础部分，通常表示可以利用的部分。

（2）封闭斜坡的坡度。封闭斜坡的坡度是指坡面在外部空间中犹如一道墙体，担负着垂直立面的功能。斜坡的坡度与空间制约有着联系，斜坡越陡，空间的轮廓越显著。

（3）斜坡的轮廓线。斜坡的轮廓线代表地形可视高度与天空之间相交的边缘，与观察者的相对位置、高度和距离，都可影响空间的视野及可观察到的空间界限。

上述这三种变化因素，在封闭空间中都同时起作用。在任何一个限定的空间内，其封闭程度主要依赖视野区域的大小、坡度和轮廓线，一般的视域在水平视线的上夹角（40°～60°）到水平视线的下夹角（20°）的范围内。而当地平面、坡度和天际线三个可变因素的比例达到或超过 45°，则视域达到完全封闭；当三个可变因素的比例小于 18°时，其封闭感便会消失。

2．影响导游路线和线路

地形可被用在外部环境中，影响行人和车辆运行的方向、速度和节奏。运行总是在阻力最小的道路上进行，从地形的角度来说，就是在相对平坦、无障碍的地区进行。在平坦的土地上，人的步伐稳健持续，无须花费什么力气。随着地面坡度的增加或更多障碍物的出现，游览也就越发困难。为了爬山下坡，人们必须花费更多的力气，时间也相应延长，中途的停顿休息也逐渐增多。如果可行，步行道的坡度不宜超过 10%，如果需要在坡度更大的地面上下坡时，为了减小道路的陡峭，道路应斜向于等高线，而非垂直于等高线。如果需要穿行山脊地形，最好走“山洼”或“山鞍”部，最适宜的就是尽量从凹口通过。

如果设计的某一部分要求人们快速通过的话，那么在此就应使用水平地形；相反，如果设计的目的是人们缓慢地走过某一空间的话，那么，斜坡地面或一系列水平高度变化，就应在此加以使用；当需要完全停留下来时，那么就需要再一次使用水平地形。

地形起伏的山坡和土丘，可被用作障碍物或阻挡层，以迫使行人在其四周行走，以及穿越山谷状的空间。在古典园林的入口处，就经常采用假山障景的手法，使游人只能绕过假山，起到组织游览路线的作用。在那些人流量较大的开阔空间，如商业区或大学校园内，可以直接运用土堆和斜坡的功能。

对于底面积大小相同的园林场地而言，地形比较平坦的园林活动场地往往比较单一，一般都是给人空旷平坦的感觉；而地形复杂的园林空间类型则趣味性会大大增强。在这里，或许有平坦的供大量游人活动的场所；或许有山间小溪给人幽静深邃的感觉，为游人提供散步踏青的场所；或许有缓坡如大草坪供游人休憩，享受阳光的沐浴；或许有巍峨险峻的高山、峡谷，为游人提供世外桃源般的享受。总之，地形地势复杂的场地比地形地势简单的场地，给人更多的空间感受，能为游人提供更多的活动场所。

3．改善小气候

地表形态的丰富变化，形成了不同方位的坡地。不同角度的坡地接受太阳辐射、日照长短都不同，其温度差异很大。在有不同地形的环境中，由于坡度、坡向和基地的海拔高度不同，每块山坡基地的日照时间和日照间距有很大差异。

此外，由于各个地区在各个季节的主导风向一定，坡向不同，其所受风的影响也不相同。从风的角度而言，凸面地形或土丘等，可用来阻挡冬季强大的寒风。为能防风，土壤必须堆积在场所中面向冬季寒风的那一边，在园林环境中，通常选择当地冬季常年主导风向（在中国大部分地区为北风或西北风）的地带，尽量堆置起一些较高的山体。地形也可用来收集和引导夏季风，夏季风可以被引导穿过两高地之间形成的谷地或洼地、马鞍形的空间。穿过这类开阔地的风力往往会因这种“漏斗效应”或“集中作用”而得到增强，并由此引起更大的冷却效应。对于地处北半球的园林，可以在其用地南部营造湖池，这样，冬季由处于南半球的太阳辐射到大地上的光热，经过湖池水面的反射作用，可汇集至湖池北部。

4．解决排水问题

园林中排水的组织主要依靠自然的重力排水，因此有坡度变化的场地在设计时考虑到排水的组织，将会以最少的人力、财力达到最好的景观效果。即使是在暴雨季节，较好的地形设计也能避免场地大量积水，破坏绿地。从排水的角度来考虑，斜坡可以防止水土流失，最大坡度一般不超过 10%，而为了防止积水，最小坡度不超过 1%。

5．改善种植和建筑物条件

地形可以改善种植条件，增加绿地面积。利用地形起伏，改善小气候，有利于植物生长。如果地面标高过低，地下水位高，雨后容易积水，会影响植物正常生长，在这种情况下，对其加以改造，将低洼处填高堆成微地形后种植植物，就可以使植物生存条件得以改善。在垂直投影面积相同的情况下，在微地形上铺草形成的绿化面积要比在平地上铺草大，能更好地满足人们对绿地的需求。

对于底面面积相同的基地来说，处理成平地或者坡地，起伏的地形所形成的表面积会更大。因此，在现代城市用地非常紧张的环境下，在进行城市园林建设时，加大地形的处理量会十分有效地增加绿地面积；并且地形所产生的不同坡度特征的场地，为不同习性的植物提供了生存空间，提高了人工群落的生物多样性，从而加强了人工群落的稳定性。建筑物同样如此，防水防潮，同时在美观上丰富建筑物的立面。

6．地形的美学功能

（1）主景或者背景。在园林创作中，在蜿蜒起伏的山地一角以堆叠的山石和瀑布相结合形成主景，是园林构景的常见方式，另外起伏的地形，尤其结合植物的配植时，常常能成为水体、建筑、雕塑或构筑物的背景依托。自然山体的巨大尺度和向上收分的外轮廓线给人雄伟、高大、坚实、向上和永恒的感觉。

（2）丰富空间类型。地形能够影响人们对户外空间气氛的感受。平坦的地区在视觉上缺乏空间限制，它缺乏垂直限制的平面因素，而斜坡和地面较高点则占据了垂直面的一部分，能够限制和封闭空间。斜坡越陡越高，户外空间感就越强烈。不同的地形可以创造出雄、奇、险、幽等不同性格的空间，在某种程度上表达了不同的情感，让人产生不同的联想。

（3）引导视线。通过地形塑造，可以避免观赏的风景直接一览无余地进入人们的视线。地形能在景观中将视线导向某一特定点，影响某一固定点的可视景物和可见范围，形成连续景观序列，以及阻断看向不雅景物的视线。在平坦的地形上，通常在道路旁或停车场利用土墩、小丘遮挡视线，在有斜坡的山地上可以利用其地形的长处来阻挡不佳的内容。

地形的另一个作用是利用隐蔽的物体及变化的视野来建立一系列连续的空间。每当人们看到物体的某一部分时，会期盼接下来能再看到精彩的景观，当不能看到全貌时，就会产生一种期待，游人被这一期待引诱，会试图改变自己的位置以期能看到全貌。设计师可以利用这一心理去创造一系列连续变化的景观来引导游人前行。

（三）地形的表达方式

1. 等高线表示法

此法在园林设计中使用最多，一般地形测绘图都是用等高线或点标高表示的。在绘有原地形等高线的底图上用设计等高线进行地形改造或创作，在同一张图纸上便可表达原有地形、设计地形状况及公园的平面布置、各部分的高程关系。这大大方便了设计过程中的方案比较及修改，也便于进一步的土方计算工作，因此，它是一种比较好的设计方法。此法最适宜自然山水园的土方计算。

等高线是一组垂直间距相等、平行于水平面的假象面与自然地貌相切所得到的交线在平面上的投影。给这组投影线标注上数值，便可用它在图纸上表示地形的高低陡缓、峰峦位置、坡谷走向及溪池的深度等内容。

2. 标高点表示法

在平面图或剖面图上，另一种表示海拔高度的方法叫作标高点。标高点在平面图上的标记是一个“+”字记号或圆点，并同时配有相应的数值。

等高线由整数来表示，标高点常用小数来表示。标高一般用来描绘这些地点的高度，如建筑物的墙角、顶点、低点、台阶顶部和底部以及墙体高端等。等标高最常用在地形改造、平面图和其他工程图之上，如排水平面图和基底平面图。

3．蓑状线表示法

蓑状线表示法是另一种在平面图上表示地形的图解工具。蓑状线均是互不相连的短线，它们均与等高线垂直。等高线和蓑状线画法是：先轻轻地画出等高线，然后在等高线之间加画上蓑状线。

蓑状线常用在直观性园址平面图或扫描图上，以图解的方式显示地形。由于它们在地平面上遮蔽了大多数细部，因此绝不可将其用在地形改造或其他工程图上。蓑状线的粗细和密度对于描绘斜坡坡度来说是一种有效的表达方式，蓑状线越粗、越密，则坡度越陡。此外，蓑状线还可用在平面图上以产生明暗效果，从而使平面图产生更强的立体感。相应而言，表示阴坡的蓑状线暗而密，而阳坡的蓑状线则明而疏。

4．明暗与色彩表示法

明暗和色彩也可用来表示地形，最常用于海拔立体地形图，以不同浓淡或色彩表示高度的不同增值。每一种独立的明暗调或色彩在海拔地形图上，表示一个地区其地面高度介于两个已知高度之间。

色彩模式：①咖啡色，表示较高地形；②黄色，表示丘陵；③绿色，表示平原；④蓝色，表示海洋、湖泊。

5．模型表示法

模型是表示地形最直观有效的方式，但是模型通常笨重、庞大，不利于保存和运输，制作起来耗时耗资。

（四）地形的坡度

1．人类对于土地的利用受限于地形的坡度

坡度平缓的地形便于人类从事各种生产活动和聚居环境的建设，场地坡度越大，对设计的影响也越大。自然地形是大自然所赋予的最适形态，是长期与大自然磨合的产物。适应它们就是要与适应这种地形的自然力和条件相和谐，许多场地因其吸引力或其他积极特性而首先被赋予使用权。作为一般性规则，应是改造得越少越好。园林设计的根本原理就是对场地的规划，让自然的外貌、条件和覆盖物决定建筑物和园林的形式，表达出自然和构筑物的和谐相处，丰富建筑场地的构成。

2．等高线是主要的规划因素

通常采用等高线规划（让规划要素与等高线平行排列）。高程接近的区域与斜坡走向垂直的狭带状，建议采用条、带形等狭长的规划形式。如果缺乏大面积平地，须在坡面上开挖或堆垒得到。如果是土质结构，须由挡土墙或坡度较大的斜面支撑。坡面的实质是升与降，最好采用梯田状台地方案，这样在一个多层结构中，各层面还可以分隔成不同的使用功能。对于道路来说，斜面的坡度如果过陡，沿等高线行进或斜向切割等高线是最省力的。这表明，一般的道路应是沿等高线绕行。

3. 重力作用是沿坡向下的

设计形式不仅要具有稳定性，而且要表达出一种赏心悦目的稳定性。当然，那些旨在产生刺激或为满足特定偏好需求的建筑物除外。坡地具有动态的景观特性，这种场地有利于形成动态的布局形式，坡地有非常吸引人的特性，即坡度的明显变化。通过阶梯、平台的运用，自然坡度的变化得以强化和夸张。从技术层面来讲，地形坡度有一定的范围，同样设计的坡度也有一定范围，这与地质条件和用途有关系。

二、地形的类型

（一）平坦地形

平坦地形即平地，是指人在视觉上看起来是平的地形，即使它有微小的坡度或局部的起伏。平地本身也是设置静水体的理想场所。因此，许多大的湖面都在平坦的地面上，这样就不至于因为水面过大产生过大的落差。

平地大致有草地、集散广场、交通广场等。这种类型在医院中应用得比较多。平地为患者提供了一个休闲放松的场所，他们可以散步或者进行锻炼。

（二）凸地形

凸地形的表现形式有土丘、丘陵、山包及小山峰等。人位于凸地形的顶端有一种心理上的优越感，所以才会有“一览众山小”的豪迈。同样，人从低处向高处仰望时容易产生一种仰止的心理，因此景区内较重要的构筑物常被放置于凸地形的顶端。凸地形还是一个对小气候兼具明显调节作用的地形要素。

（三）脊地

山脊与凸地形是相似的地形形态，通常在设计上具有很多的相似点。与凸地形相比，山脊是线状的，这也是最主要的差异。人们很容易被山脊吸引而沿着山脊移动，因而山脊线常形成一条动线，理所当然地被设计成道路（此地的视野、景观、排水都非常良好）。因此，山脊应该说是设置大小道路以及其他涉及流动要素的理想场所。

（四）凹地形

凹地形即盆地，在景观中又被称为“碗状洼地”，它给人以隐蔽、孤立、逃避、私密等感觉，并可保护免受外界干扰。盆地与其临近空间的连接性比较弱，可以抵挡风的直接吹袭，所以区域内温度相对较高。尽管盆地具有宜人的小气候，但容易积水，比较潮湿。事实上，盆地有一个潜在的功能，那就是充作一个永久性的湖泊、水池，或者充作一个暴雨之后暂时用来蓄水的蓄水池。

（五）谷地

谷地呈线状，具有方向性，属于敏感的生态和水文地域，常伴有小溪及河流。谷地植物景观群落是特殊的种植资源库，是水体和陆地的交接区域，环境阴湿，应选择喜湿、耐阴的常色叶植物和果树林木，以使山水景观更加绚丽多彩。谷底地势平坦，是活动的集中区域，应配置能体现季相变化、观赏价值高的阔叶林或针阔混交林，与谷坡浑然一体。谷地两侧应考虑护坡和景观功能，种植固土小乔木、灌木和地被植物，注意相互间的色彩搭配和图案配置，体现园林立体美感。

谷地综合了某些盆地和脊地地形的特点。与盆地相似，谷地在景观中也是一个低地。但它也与脊地相似，也呈线状，具有方向性。由于谷地的方向特性，因而它也极适宜在景观中的任何运动。谷地中的活动与脊地上的活动之差别，就在于谷地属于典型的、敏感的生态和水文地域，它常伴有小溪、河流以及相应的泛滥区。鉴于以上种种原因，凡需在谷地中修建道路和进行开发的，都须倍加小心，以便避开那些潮湿区域，以避免使敏感的生态遭到破坏。

（六）坡地

坡地在外部空间中犹如一道墙体，担负着垂直立面的功能，为植物种植提供干、湿、阴、阳、缓、陡等多样性环境，是植物群落最为丰富的地形。坡地起伏多变的地形地貌创造了多元的景观选择，可以说坡地景观所具有的特征是植物景观得天独厚的载体和骨架。由于坡地特殊的地形，植物配置要兼顾生态功能和景观功能。坡地水土易流失，结构缺乏稳定性，须在道路护坡、堤岸、陡坡等黄土裸露地段，以环境保护型草坪为基础种植，另配置抗旱、耐瘠薄的乔灌木，起到护持水土和涵养水源的作用。在景观设计时，要充分利用它的地形特点，使其优势得到良好的展示，弊端得以掩盖，从而使植物景观达到最佳的效果。为了加强小地形的高耸感，可在土丘的上方种植长尖形的树种，如威严挺拔的钻天杨和新疆杨；在基部栽植矮小扁圆形树木，形成高低错落、跌宕起伏的群落林冠线，从而产生一种强烈的节奏感和韵律感。

三、假山设计

（一）假山的功能作用

人们通常所说的假山实际上包括假山和置石两个部分。假山，是以造景游览为主要目的，充分结合其他多方面的功能作用，以土、石等为材料，以自然山水为蓝本并加以艺术提炼和夸张，用人工造景山石的个体美或局部的组合呈不完整的山形。一般来说，假山的体量大而集中，可观可游，使人有置身于自然山林之感。置石则主要以观赏为主，结合一些功能方面的作用，体量较小而分散。假山因材料不同可分为土山、石山和土石相间的山；置石可分为特置、散置和群置等。

1. 作为自然山水园的主景和地形骨架

一些采用主景突出的布局方式的园林尤其重视这一点，或以山为主景，或以山石为驳岸、水池作主景，整个园子的地形骨架、起伏、曲折皆以此为基础来变化。

2. 作为园林划分空间和组织空间的手段

这对于采用集锦式布局的园林尤为重要和明显。用假山组织空间还可以结合障景、对景、背景、框景、夹景等手法灵活运用。中国园林运用“各景”的手法，根据用地功能和造景特色将园林化整为零，形成丰富多彩的景区，这就需要划分和组织空间。划分空间的手段很多，但利用假山划分空间是从地形骨架的角度来划分，具有自然和灵活的特点。特别是用山水相映成趣的结合来组织空间，使空间更富于性格的变化。

（二）掇山

假山在构造与结构方面与真山最大的区别在于真山成岩后会形成一个整体景观。因为“假山之乡”吴地称积叠为“掇”，所以在学术上也就入乡随俗地把“掇石成山”称为掇山，零星点缀的山石称为置石。

1. 明志

中国古典园林系统中，作为构建园林要素的山石景观是自然界中最富有艺术魅力的景观，人们通过山石造景可以描摹大自然，表达对自然的敬畏和亲近之情。在中国传统园林中没有一座园林是没有山石造景的，山石奠定了一座园林景观的基本轮廓。在山石营造时可以随形就势，削低垫高，筑土为山，使园林景色优美如画。山石点景还可成为园林中的主景或形象标志，令人瞩目，美不胜收。园林中人工营造的山不同于自然界中天然形成的山，人工山石造景是以大自然中的真山为蓝本，加以概括、提炼并注入人的思想和情怀，是凝固美与含蓄美的完美结合。

山石造景的功能性在于用石可铺装道路，供人游憩，用山石堆砌的假山上可设置山路、石级、洞窟等，用山路的变化来强调深山幽谷曲折、崎岖、深邃、迷惘的空间特点，可使人在其中游玩，欲上先下、欲左先右，看似出口，实则绝境，疑惑无路，恰是通途，因而增添了许多情趣。

2．立意

掇山用石的质感，对山之形体影响很大，也造成园林意境的不同。湖石以透、漏、瘦为特点，石面多孔，石色苍润，有春夏之意，多产于太湖，杭州灵隐也皆为此类岩石，故这两处就成为湖石假山的蓝本，环秀山庄的矶、崖、洞、罅等，顺其石理，做得十分自然，且采光之洞皆为石上之天然孔穴，巧妙得体。而黄石多产自常熟、虞山，其质坚，线条挺括，石纹古拙，多秋意，与湖石大异，故其山形亦不同。虞山有以自然黄石制成的桃源涧、石屋涧和闻珠涧，燕园中的黄石山就是据黄石的自然成貌而叠，其洞口层层叠叠，自然而深远，采光为顶部开口，正合黄石自然崩塌而成的石理。这种顺自然之理而成的佳作，即使是尺方空间，也会产生群峦大壑之意境。

3．相石

“相石”这个术语由堪舆中的“相地”衍生而来。“相”是指观察和审度。就园林而言，讲究“相地合宜，构园得体”；对假山而言，就是“相石合宜，构山得体”。造景的材料对于造景效果有直接的影响。相石可以分为两个主要过程，即粗选与精选。前者解决石材的来源和产地，后者解决现场设计和施工选料。具体的相石理法可归纳为以下几种：

（1）相石合用，因石设用

造山是有目的的，带着预想的目的性去相石可谓“相石合用”，这反映了一般情况的相石。和日常购置东西一样，除了有目的的采购，还会有“本无意买，但见到某物以后才联想到买回去作何用场”的情况。这虽然不反映一般情况，却也有因材致用的特殊艺术效果，因此不可以偏废。

运用不同的石材可以基本满足同一种造山的实用功能，但特定的意境和假山的性格却只有精选相应的石材方能奏效。当然不必要也不可能每种性格的假山都有相应的石材。如果把天然山石归类来认识，不难找出每种类型的假山具有与之相适应的石品类型。

（2）相石有方，神形兼备

1）形态。并不是每一块山石都要求有独立而完整的形态，而是根据其外貌和结构方面的作用来选择具体用途。一般自下而上可以分为拉底、中腰和收顶三部分。山石因种类不同而形态各异。审美标准也要因石而异。人们经常谈论到的“言山石之美者，俱在透、漏、瘦三字”，主要指湖石类山石的个体美，亦即特置湖石之美。因为湖石才具有涡、环、洞、沟的圆曲变化。“透”指水平方向对穿的孔洞。“漏”指竖向贯通的孔洞。“瘦”指山石形体颀长，体瘦而高，具有孤峙无依的情态。山石的形体一般可分为立、蹲、卧三种。

2）皴纹。山石的最大区别在于是否有供观赏的皴纹。掇山要求脉络贯通，而皴纹是体现脉络的主要因素。“皴”是指较大块面的皴曲，而“纹”是指细小、窄长的细部凹陷。值得强调的是，山有山皴，石有石皴。山皴可与石皴统一，不同石皴亦可同掇为同一山皴。如经常见到的“大斧劈”是指与水平面垂直的峭壁，几乎呈直角，犹如神斧劈削而成。

3）质地。外观好的山石不一定都宜掇山。风化过度的山石在受力方面用处不大。质地的主要因素就是山石的比重和强度。如作为梁柱式山洞的石梁必须有足够的强度，有些强度稍差的片状石作石级或铺地用则没有危险性。质地的另一因素是质感，如粗糙、细腻、平滑、多皴等，都要用匠心来筛选。

4）色泽。掇山也很讲究色彩构图，不同类的山石固然色泽不一，而同类的山石也有色泽的差异，一般在运用时都要遵循“物以类聚”的原则，在统一中求变化，避免对比过于强烈而违反自然。

4．布局取势

置石掇山的布局关系整个园林的空间结构。在相地的基础上，掇山首先要考虑对用地现状取长补短，“随遇而安”，从“遇”中寻找因借的关系，以利用为造景依据，便是“俗则屏之，嘉则收之”。尽可能地保留原始地貌地势，尽可能地保留用地中的水源，并疏通水路，为下一步的山水布局奠定基础。置石掇山的布局要与周围自然山水相因借，山势、山脉与自然环境相契合，并尽量就地取石。在对现状有理性认知的基础上，设计者则要根据“立意”选择山体组合单元。不同的山体组合单元，相当于一篇文章的段落，而段落之间的连接与布局需要有一定的章法。造园如同行文，也需要有“起、承、转、合”等一系列的变化。只不过这种变化在置石掇山中，是以具体的山水组合单元来进行表达，并以不同的单元连接成为一篇可观、可游、可抒情、可言志的文章。

四、置石

石是对自然山的高度概括提炼，是自然精华之凝缩。石既是稳定凝固的，又是灵动变幻的。石在古代被誉为“千岁友”，由于其景观效果长久，且形式多样自由，并可由简单的形式表现深远的意境，正所谓“一拳知天地，顽石有乾坤”，所以被誉为“天地之骨、园林之骨”。

由于置石主要以观赏为主，并结合一些功能方面的作用，作为独立性或附属性的造景布置，所以置石主要表现山石的个体美或局部组合而不具备完整的山形。置石一般体量小且分散，但尺度、纹理、造型、色彩、意蕴等方面的作用必须与周围环境相协调，充分发挥“因简易从，尤特致意”的特色。置石虽然以配景点缀出现或作为局部的主题、主景，但是园林中一处独立的景观，可达到“片山有致，寸石生情”的境界。置石作为园林造景的要素，除供人观赏外，也可作为园林空间的障景，分隔组织空间。置石还可作为景点的铭刻石、指路石，起到为景观点题的作用。此外，置石还可作为分水石、挡水石、水边驳岸、花台、山石器设等，发挥其实际功能作用。

（一）特置

特置是指将形态奇特、皱纹特殊或体量较大的具有较高观赏价值的峰石单独布置成景的一种置石方式，又称“独置山石”或“孤赏山石”。园林中的特置山石与掇山一样，都来源于人们对自然的观察与感悟。

园林中大部分特置都由单块山石布置成为独立性的石景，石料本身具有良好的对比关系和完整的构图。特置的峰石常用作园林入口的障景和对景，也可将其置于视线的焦点处或道路的转折处，或是置于廊间、亭下、水边，作为局部空间的构景中心。特置峰石有立有卧，因石料的观赏特征而定，且布置的要点在于相石立意，相地选石，以及山石的体量与环境相协调。

特置山石可谓山石精品中的精品，在园林中常独立成景或作为园中局部景观的中心。特置山石不仅对山石本身要求极高，而且更重要的是观赏角度以及观赏距离的设置，围绕山石最佳观赏面展开其他造园要素的布局，以突出山石之精美，将“片山有致，寸石生情”发挥到极致。

在特置山石的设计理法中，不仅对峰石本身如色泽、纹理、形态、动势等方面有较高的要求，更为重要的是要注重山石安放的位置和观赏角度，以及如何利用特置山石进行造景。设计者面对精美奇巧的峰石时，不仅要注重它的天然之美，更应将这种美寓于空间的营造中。

特置山石虽为石中之精品，但自然天成之物，也会有不尽如人意的瑕疵。

在应用此类山石做特置以造景时，要将其最佳观赏面朝向视线主要方向，彰显峰石的优点。同时也可利用其他造园要素掩盖、遮挡或弥补峰石的缺陷。以达到“选面定向，彰优止劣”的目的。

在古代园林中，常用特置山石代替照壁，作为入口空间的屏障或对景。石虽然一两块，但布置起来却要综合考虑诸多因素。如何使特置山石与用地性质以及周边景物的特征相协调，如何利用山石前的框景和山石后的背景达到突出主题的目的，如何把握特置山石所处空间的尺度和观者视距的比例关系等，都是布置特置山石需要考虑的具体问题。

（二）对置

对置是指沿某一轴线在两侧对应布置山石。其在数量、体量、形态上无须整齐划一，其形态应各异，但要求相互呼应，并注意在构图上应讲求均衡。多在建筑物前两旁对称地布置山石，以陪衬环境、丰富景色。

（三）散置

散置，也称“散点”，是仿照岩石自然分布和形状而进行点置的一种方法，即所谓“攒三聚五”“散漫理之”。这类置石对石材的要求不像特置那样高，更侧重多块山石的组合效果。小散点指多块山石的分散布置，基本不掇合；而大散点又称“群置”，是掇石成组，以组为单位做散状布置。岭南佛山梁园的十二石斋散置可谓山石小散点的代表。当年梁园又名“群星草堂”，整座园林以石取胜。其中的十二石斋为黄蜡石散置构成的石庭。园主因腿脚欠佳而不能游乐于山水，特收集山石置于庭中聊以自娱，无论大、小散点其设计原则基本相同，均要依托地形、建筑、园路或植物，呈现出有动势的散点，以散为形，散中有聚，即“形散神聚”。几块石相组合时要求有聚有散、有断有续、主次分明、高低曲折、顾盼呼应、疏密有致、层次丰富。此外，还要遵循“三不等”原则，即石之大小不等、石之高低不等、石之间距不等。

（四）群置

群置又称“大散点”，它在用法和要点方面基本上同散点是相同的。不同之处是所在空间比较大。如果用单体山石做散点会显得与环境不相称，因此便以较大量的材料堆叠。每堆体量都不小，而且堆数也可增多。但就其布置的特征而言仍是散置。只不过以大代小、以多代少而已。山水画中把土山上露出的石头称为“矾头”，用以体现山石之嶙峋。

（五）山石与其他景素的配合

1．置石与植物结合

在园林中为了给植物创造良好的生态条件，以及为游人提供适宜的观赏高度，常用自然山石堆叠挡土形成花台，其内种植花草树木，并用花台来组织庭院中的游览路线，或与壁山、驳岸、置石相结合，在规整的空间范围内创造自然、疏密的变化。花台有高出地面亦有与地面几乎等高两种，在江南地区常用前者。由于这一带地下水位偏高，而人们又有栽植牡丹的喜好，牡丹需种植在排水良好的土壤上，故用山石花台抬高种植土壤，以利于排水。而在北方，由于地下水位较低，土壤偏干，则可做成较低或低于地面的山石花池。山石花台能够降低地下水位，为植物生长创造良好条件；山石花台还能巧妙地将植物抬高到合适的高度，以免观者躬身观赏。山石花台的设计没有定式，形体可随机应变，小可占边把角，大可缀合成山，花台之间的铺装地面即成自然形式的路径，所以庭院中的游览路线可以运用山石花台来组合。

2．山石器设

山石器设即以山石做家具或陈设，常见的有石榻、石桌、石几、石凳、石栏、石水钵、石屏风等。不仅可坐可卧，还有造景的功能。山石器设是我国造园艺术中的传统做法，不仅有实用价值，还可与环境及造景密切结合。主要布置在有起伏地形的环境或林间空地等有树庇荫的地方，为游人提供休息场所，而且它不怕日晒雨淋，不会锈蚀腐烂，可在室外环境中代替铁、木等材质制作的椅凳。山石器设在选材方面与假山用材不相矛盾。一般接近平板或方墩状的石材在假山堆叠中可能不算良材，但作为山石几案却非常合适。要求石料只要有一面稍平即可，不必进行细加工，而且在基本平的面上也可以有自然起伏的变化，以体现石料自然的外形特征。此外还应根据器设的用途来选择材料，如作为几案或石桌的面材，则应选片状山石，有较为平整的一面，如作桌、几的脚柱，则要选敦实的块状山石，如果是用作香炉的，则应选孔洞密布的玲珑山石。

山石器设可以随意独立布置，也可结合挡土墙、花台、驳岸等统一安排，远观是山石景，走到近处则可自然入座。最可贵处在于不经意间满足了造景及实际功能。虽有桌、几、凳等之分，但在布置上却不一定按一般家具那样对称摆放。理想的山石器设应是一种无形的、附属于其他景物的置石，不仅要实用，同时要成景，还要打破人工化家具陈设的规则形体而代之以自然山石景物的形象。

第四节　风景园林的水体设计

一、水资源

（一）水体基本形式

自然风景中的水体，具有不同的形式和特点，为中国传统园林理水艺术提供了创作源泉。传统园林的理水，是对自然山水特征的概括、提炼和再现。各类水的形态表现不在于绝对体量接近自然，而在于风景特征的艺术真实。各类水的形态特征的刻画主要在于水体源流，水态的动、静，水面的聚、分，符合自然规律，在于岸线、岛屿、矶滩等细节的处理和背景环境的衬托。运用这些手法来构成风景面貌，做到“小中见大”“以少胜多”。这种理水的原则，对现代城市公园仍然具有可借鉴的艺术价值和节约用地的经济意义。

模拟自然的园林理水，常见类型有以下几种。

1．泉瀑

泉为地下涌出的水，瀑是断崖跌落的水，园林理水常把水源设计成这两种形式。水源或为天然泉水，或为园外引水，或人工水源（如自来水）。泉源的处理，一般都做成石窦之类的景象，望之深邃幽暗，似有泉涌。矿泉是重要的旅游产品资源，温泉是休、疗养的重要资源。自然界中瀑布是高山流水的精华所在，瀑布有大有小，形态各异，气势非凡。丰富的自然瀑布景观也是人们造园的蓝本。瀑布有线状、帘状、分流、叠落等形式，主要在于处理好峭壁、水口和递落叠石。水源现在一般用自来水或用水泵抽汲池水、井水等。苏州园林中有导引屋檐雨水的装置，雨天即能观瀑。

2．潭

潭乃深坑也，即小而深的水体，一般位于泉水的积聚处和瀑布的承受处。园林之内的深潭岸边一般不用土坡，宜做叠石，光线宜幽暗，水位宜低下，石缝间配置斜出、下垂或攀缘的植物，上用大树封顶，造成深邃气氛。

3．溪涧

涧，是指流经两山之间所形成的带状水面。水面狭而曲长，多弯曲以增长流程，显得源远流长且绵延不尽。多用自然石岸，以砾石为底，溪水较浅，可数游鱼，又可涉水而行。溪涧两岸树木掩映，表现山水相依的景象，如寄畅园的八音涧。溪涧通常做成石岸深沟，暗流低潜，曲折多变，以形成幽静深远的意境，如留园的水洞。曲水也是溪涧的一种，绍兴兰亭的“曲水流觞”就是自然山石以理涧法建造而成的。

4．河川

河流水面如带，水流平缓，在园林中常用狭长的水池来表现，使景色富有变化。河流可长可短，可直可弯，水面时宽时窄，窄处可架桥，起收束视野的作用；宽处可行船，使视野开阔。这样，便产生忽开忽合、时放时收的节奏变化。从纵向上看，河流迂回曲折，能增加风景的幽深感和层次感，特别是与山石相结合而使之穿山越谷，则更有情趣。河流的驳岸多选择土岸，搭配适当的植物；也可通过设置假山插入水中形成“峡谷”；两旁还可设临河的水榭等，局部采用平整条石以做驳岸或台阶。

（二）水体基本功能

1．导向作用（引导作用）

景区内各个景点以水面、水系相连接，游人顺着水的方向欣赏美丽的景色。

2．分隔作用

为避免单调，不使游客产生平淡的感觉，常利用桥、岛、堤等将水体分隔成不同情趣的观赏空间，拉长观赏路线，丰富观赏层次和内容。

3．点缀作用

一个水面在园林规划设计中常常能起到画龙点睛的作用，通过水体设计，可使整个景区充满生机和活力，水的点缀使景色更加迷人和多姿多彩。

4．倒影作用

水面可以产生倒影，由于水的深浅不同，水底及壁岸的颜色不同，可以呈现出不同的倒影。水面波动时，会出现扭曲的倒影；水面静止时，则出现宁静的倒影。水面的倒影作用，增加了园景的层次感和景物构图的完美性。

5．基底作用

大面积的水面可作为池岸和水中景物的基底，从而产生天空及远景的倒影，扩大和丰富空间。

6．连接作用

水面可以连接众多景点，产生整体感，使散落的景点统一起来。

7．综合作用

利用整体的小环境设计手法将形与色、动与静、秩序与自由、限定和引导、分隔与倒影等园林作用综合在一起，从而产生令人意想不到的景观效果。

（三）风景价值

城市中的水体以其活跃性和穿透力而成为景观组织中最富有生机的元素。由于江、河、湖、海的冲蚀作用，滨水区常常形成沱、坝、滩、沮、洲、矶、渚等特殊形态的场地，这些场地也成为城市中重要的景区、景点。天然的地形、地貌在水体的声、光、影、色的作用下与城市灿烂的历史文化精粹相结合，形成了动人的空间景观。在人类活动的作用下，滨水区不仅是单纯的物质景观，更是城市中的文化景观。

滨水区不仅作为物质资料的设计对象而且作为文化灵魂的载体存在于城市之中，它集中体现了城市深厚的文化底蕴和丰富的物质文明。滨水区的景观，是人类的生活理想和创造能力在自然水环境中的凝结化和形态化，是人与水的结合点，是人类在自然风物中倾入的情感结晶。

二、水景艺术处理手法

水是构成园林空间非常重要的因素之一。借水的形态，在有限的空间中展现大自然之风貌；借水的形象，使园林空间得到情与景的交融；通过水体的组织，展现空间的层次与序列。

（一）衬托手法

1．以大水面包围建筑物

以大水面包围建筑物，是构成水景开敞空间的常用手法。大水面使人的视野开阔，登楼远望，水面上阴晴雨雾的变化可激发观赏者的各种想象。历来许多深受人们推崇的观赏亭、望海楼及园林中的临水建筑，都以大水面环抱建筑并以水景得名。

2．建筑群环抱水面

建筑群环抱水面，形成闭合空间，使人感觉静谧、亲切。通常以中小型规模的庭院为主，其特点是：把水池作为整个园林的中心，模拟大海、湖泊或者池塘等自然景观开阔且平静的水面，可以使人产生心旷神怡的感觉。然后把建筑环列水池四周，使其形成内聚向心的格局。特别是小型园林，采用这种布局形式可以使园内的有限空间产生开朗幽静的感觉。园中水池多采用山石营造出自由曲折的驳岸，极具自然情趣。

3. 大水面中建筑群的穿插

大水面中建筑群的穿插能使空间产生流动、渗透的效果。这是一种将水体化整为零的手法，用河渠等将大面积的水域划分成多个相互联通的小水域，给人造成一种水体无源无终、深邃藏幽、不可穷尽的感觉。大的水面若没有河流连接则显得没有生机，会给人一种一潭死水的感觉，若将水体的一角设置成一股细流，再折入山石之间或者临水建筑的基座之下，人们就会觉得水是从某处引来的，有了源头的水就富有了生气。

（二）对比手法

对比手法是将两种特性截然不同的事物放在一处，造成反差来突出表现的效果。水景设计中，常利用水的形、声、色等和他物形成对比。如水依山势流淌山石间，水的柔对比山石的刚，和谐共济。如静水中放养游鱼，鱼的动对比水的静，尤其突出水景幽静的氛围。反过来，瀑布与周边静寂的环境也可形成对比，雷鸣般飞泻而下的水流，撞击瀑下深潭发出的轰鸣，与周围静谧的环境形成对比，一动一静，更能表现瀑布磅礴大气的动态美，如庐山三叠泉瀑布。还有水景中常采用虚实对比手法，利用水倒影景观，形成水中的虚景对比景观的实景，虚实结合，相映成趣。

建筑给人的印象是坚固耐用，是一种“刚”的体现；而水无形无相，体现的是一种至柔。在建筑空间中引入水体，其本身就是一种刚柔的对比。以建筑之刚、水体之柔互相对比，相互融合，同时以水体之柔弱化建筑之刚，丰富空间的形象。建筑空间与水体互相包容，形成一种协调统一的空间形象。利用水体的动态与建筑的静态相对比，能增加传统建筑空间的活跃气氛。利用建筑空间与水体开合、聚分的对比，是组织建筑空间的常用方式。

对比能延伸建筑的空间感。在建筑空间的内部，引入涧、溪、泉、瀑或溪流等水体，可吸引人们的注意力，增加空间集聚力。在建筑创作时，可以从传统建筑的空间组织中吸取经验，运用水体与建筑形成对比，创造具有特色的建筑空间。

另外，在利用水体组织空间时，水体的自身也可以形成鲜明的对比，形成开阔或窄小的空间环境。如利用水体可塑性强的特点，形成规则水面与自然水面的对比。在面积较大的水面中，常在水中布设岛屿，岛屿上修建建筑，通常岛屿位于湖面的一侧，而不会位于水体的中心部位，这样由岛屿把湖面分为大小不同的两部分，借小水面来衬托大水面的辽阔。

（三）借声手法

水景除了给人视觉上直观的感受，水声也能给人听觉上的享受。当水在流动时，会因为水体的涌动、地势的跌落以及水花的飞溅而产生美妙的声音。自然界中的水声多种多样，有的犹如窃窃私语，有的清新欢快，有的喷薄爆发犹如咆哮，又有的声如天籁静抚心灵。优美的水声可以荡涤人的心灵，使人们忘记烦恼，心情愉悦。未见其形先闻其声，不但给人充分的想象空间，还能够塑造出“蝉噪林愈静，鸟鸣山更幽”的效果。

声音在空间环境中也是一种改善空间形象、引人遐思的要素，在传统建筑空间中常常利用水流、瀑布、涌泉等声音来丰富空间形象。巧妙地利用水声可以产生惊人的空间效果。瀑布的声音壮烈激昂，令人热血沸腾；但瀑布水流小，变成水珠一滴滴下落时，又是另一种感受，声音清脆，引人遐思。在建筑空间中引入滴水，水珠下落如珠落玉盘，清脆悦耳，水珠四溅，烘托了空间意境，并产生音乐般的美感。

（四）点色手法

水自身是无色透明的液体，但在光的作用下会和水体四周的环境形成反射，会对水底的植物形成折射或因水中微生物而呈现彩色。水在光的作用下，可以反射岸边的建筑、假山、花草以及天空等，形成美丽的倒影，呈现不同的颜色。水是透明的，人们可以透过水看到水中鲜艳的游鱼、绿色的水草、彩色的石头等；水面在微风的作用下会变得波光粼粼；风拍打水面会泛起白色的水花；特定的天气里水面上还会升腾起白色的水雾，云雾缭绕仿佛仙境；在阳光的作用下，瀑布上方还会形成彩虹，五彩缤纷。这些都是水色带来的优美景致。水的色彩在园林中往往能够带来别样的景致，甚至能够成为点睛之笔。

（五）光影手法

水无色透明的物理性质决定了其光影特色，水反射光线，在微波荡漾的水面形成粼粼的波光，在平静的水面形成镜面反射，在水中形成倒影。利用水反射光线的特性，把光线反射到墙壁、天花板等建筑围合物上，可以照亮环境，美化空间。水的光影手法在传统建筑空间水要素设计中常被采用，利用水的光影效果可以创造变幻莫测的空间效果。特别是在夜间，绚丽的灯光、漂亮的建筑倒映在水中，晶莹剔透，美轮美奂，丰富了空间效果，产生别样的视觉美。

水景利用光线产生的光影效果，主要分为以下几类。

1. 波光

水面波动，散射光线可产生波光。设计师常采用各种手法使水面波动，如利用风、喷泉、涌泉、瀑布等，以使水面产生波光粼粼的效果。

2．效果灯光

随着灯光技术的发展，各类效果灯光不断推陈出新，水面、水下均可设置彩灯，配合喷泉多变的水流，营造出五彩缤纷的效果。

3．反射光

强烈的反射光使水面看似蒙上了一层神秘的面纱，带有朦胧的美感，且增强了空间的亮度，映射到周边景观上，构成闪亮、浮动的光影效果。

（六）贯通手法

水具有流动性。在人的印象中，一个水体是连续的、不可斩断的，故而在建筑设计中常利用水体的流动性组织空间。在建筑空间中，一般利用线性水体，对空间序列进行组织，起到贯通空间的作用。在古典园林中，线性水体连接面状水体，同时利用线性水体本身组织的线性空间贯通其他的面状空间，使各个空间相互连通，成为一个整体。引外空间之水入内空间，水作为媒介贯通了内外空间，增加了空间的层次。

（七）藏引手法

藏引手法是中国古典园林中理水技法的一种引申。溪流是组织空间的一种重要手段。

在中国古典园林中，溪流与建筑结合有收有放、有显有隐。合理地处理溪流的显隐，能够增加空间的纵深，增添空间的趣味与意境，达到“庭院深深深几许”的境界，引起人们探索空间的欲望。在处理溪流的显隐时可以隐藏溪流的源头，暗示溪流之长不可寻其源，从而引起人们的探索欲望；可以使溪流曲直变幻，增加空间的层次；利用水面大小的变化、宽窄的开合形成水面的集散，使水体有所变化，有流有滞，变化万方，避免水体像灌溉用渠一样，宽窄一致、平淡无奇，必须显示空间的层次。在建筑创作中，为使有限的建筑空间达到空间丰富、层次分明的效果，常常采用这种手法，以水来组织空间转换。

中国古典园林在处理水体时，要藏引得法，忌方池一片。藏源是指对水源头做隐蔽处理；而引流则是曲折引流，宜曲不宜直；集散即水体开合穿插，既展现水体主体空间，又引出水体的深度。在水源的处理方式上，古代造园家一般是通过将园林引水口与艺术表现的“源流”合二为一。通常来说，水源被隐藏于深邃之处，通过架设桥梁、设置叠石并伴以花木以加强空间的深远感，形成“源流脉脉”的意境。

三、水体设计

（一）自然式水体

1．湖池

湖池一般是指园林中较大的水面。根据水域面积大小，湖池的水体设计需要注意小水面以聚为主，而大水面则可以利用岛、桥等建筑进行分割。

（1）小水面。在中国古典园林中，常常在中央设置一个较大的水面，边角附一两个小水湾。苏州的网师园，中央的水池大小与四周所留地面均较为适当，水面以聚为主，池岸略近方形，但错落有致，既开朗宁静，又有山石、绿化与之呼应陪衬，展现了一派野趣。在水池的西北角和东南角分别做出水口和水尾，并架桥跨越，隐喻了水的来龙去脉，使水体有活水的感觉。中心水池的宽度大约 20 m，这个距离正好在人的正常水平视角和垂直视角的范围内，使游客得以收纳对岸画面构图之全景。亭台楼阁、湖光山色，尽收眼底。还有一种小水面的形式为水庭，即集中用水，以水池为中心，并使水池充满整个庭院。

（2）大水面。在大型皇家园林中，大多采用大水面的集中使用。但是这样的情况与私家园林采用建筑包围水面的布局方法并不一致，由于水面过于辽阔，常用大水面来包围陆地形成岛屿，然后再在岛屿的四周环列建筑，于是便自然地形成一种离心和扩散的格局。

大水面的分散用水在大型的皇家园林中也有应用，虽然不能带来开朗辽阔的气势，却能够获得朴素自然的别样情趣。

2．河溪

湖泊与水池都是静态水面，江河和山溪是动态水面。江与河都是带形水面，在园林中一般起到分割区域或线形引导的作用。在园林中，河道忌直求曲、忌宽求窄。为了突出变化，一般其宽窄对比都非常强烈，窄的河道会收束视野，突至较宽的河道便豁然开朗，对比鲜明。这样若是泛舟其中，会体会到极具节奏的时收时放、忽开忽合的刺激感。河道的迂回曲折能够使景致深邃藏幽，再配以山石形成山谷沟壑，舟行其中更有别样情趣。

园林中的另一种带形水面是山间的小溪，与山溪类似的还有谷涧，虽然同是山水相依，但谷涧却并不是非有水不可，主要体现为峡谷深涧。山溪虽属河流，但在园林中的表现却不似平川小溪，一般两岸多叠置山石，形成溪水极速冲刷河床、河道怪石嶙峋、水从山间流出呈一种动态水景。巧妙利用天然或人工布置的山石，引导水流弯曲流淌，并通过地形高差调整水的流速，时而蜿蜒迟缓，时而湍急有声，时而浪花飞溅，表现出流动性和绵延不尽的特点。溪边多采用自然石岸，以卵石、砾石为底，溪水浅，清可见底，可数游鱼。

（二）规则式水体

1．喷泉

喷泉主要是以人工的形式在园林中运用，利用动力驱动水流，根据喷射的速度、方向、水花等创造出不同的喷泉状态。喷泉通常是由水池（旱喷泉无明水池）、管道系统、喷头、动力（泵）等部分组成，如果是灯光喷泉还需要照明设备，音乐喷泉还需要音响设备等。音乐喷泉、间歇喷泉、激光喷泉等形式的出现，更加丰富了喷泉的内容，给予人们在视觉、听觉上的双重感受。喷泉的水姿多种多样，有球形、蘑菇形、冠形、喇叭花形、喷雾形等。喷泉的喷水高度也有很大差别，有的喷水高度可达十几米，有的喷水高度只有 10 cm 左右。在公共景观中，喷泉常与雕塑、花坛结合布置，来提高空间的艺术效果和趣味性。

喷泉是现代水体景观中最常用的一种装饰手法，成为空间视线的焦点。除了艺术设计上的考虑，喷泉对城市环境具有多重价值，它不仅能美化城市景观，还可以湿润周围的空气，清除尘埃。随着城市环境的现代化，喷泉越来越受到人们的喜爱，喷泉的技术也在不断发展，出现了各种各样的形式，其中最常见的喷泉形式有以下几种。

（1）水池喷泉。这是最常见的形式，除了应具备喷泉应有的一套设备，常常还有灯光设计的要求。

（2）旱池喷泉。喷头等隐于地下，其设计初衷是希望公众参与，常见于广场、游乐场、住宅小区内。喷泉停喷时，是场地中一块微凸的地面。旱池喷泉最富于生活气息，缺点是水质易受污染。

（3）浅池喷泉。喷头藏于山石、盆栽之中，可以把喷水的全范围做成一个浅水池，也可以仅仅在射流落点之处设几个水钵。

（4）舞台喷水。舞台喷水这种形式多见于影剧院、跳舞厅、游乐场等场所，有时作为舞台前景、背景，有时作为表演场所和活动内容。

（5）盆景喷泉。盆景喷泉主要用作家庭、公共场所的摆设，大小不一，往往成套出售。这种以水为主要景观的设施，不限于“喷”的水姿，而在于能否更多地表现高科技成果，如喷雾状的艺术效果。

（6）自然喷泉。喷头设置于自然水体中，如济南大明湖、南京莫愁湖中的喷泉等，这种喷泉的喷水高度可达几十米。

（7）水幕影像。一般情况下，喷泉的位置多设于广场的轴线焦点或者端点处，喷泉的主题形式要与周围环境相协调。

2．瀑布

此处的瀑布是指人工模拟自然的瀑布，指较大流量的水从假山悬崖处飞泻而下所形成的景观。瀑布通常由五部分组成，即上流（水源）、落水口、瀑身、瀑潭和下流（出水）。瀑布常出现在自然式园林中，根据其瀑身可分为挂瀑、叠瀑、帘瀑、飞瀑等形式。园林中瀑布多依赖天然的条件，需有充足的水流和泄流的条件，在此基础上加以人工修筑，成为重要的水景艺术。

瀑布可分为以下两种。

（1）自然式瀑布。自然式瀑布的设计要先根据所在位置选择最合适的岩石类型，把瀑布的位置设计在地势最陡峭的地方，根据实际的情况来调整瀑布的位置。设置一处自然式瀑布，将是所有的园林水景设计方案中最具吸引力的、收效也最为显著的景致。

（2）规则式瀑布。规则式瀑布是指具有连接园和房屋平台步道作用的瀑布和叠水，通常都是伸手可及的，一般布置在步道或平台之中或者是石块、砖或混凝土等材料铺设的硬质铺装上，阶梯或叠水可以与不同高度的溢水口联系在一起，还可以操纵方向、速度和流量。

瀑布的设计要遵循“以假乱真”的原则，整条瀑布的循环规模要与循环设备和过滤装置的容量相匹配。瀑布是最能体现景观中水之源泉的方法，它可以演绎出从宁静到宏伟的不同气势，令观赏者心旷神怡。

（三）组合式水体

1．几何组合型

几何组合型是规则式布局，是最基本、最简单的布局方式。一般在规则式布局中，建筑沿水体四周布置，凹凸有序，呈围合状，在平面图上能够明显地确定一条中轴线，沿着中轴线两边的建筑和景观布置，水体形状为几何形，水体与建筑基本保持中轴对称格局。几何式水体、三面或三面以上的围合空间以及中轴对称，可以说是规则式布局的三个特点。

2．自由组合型

自由组合型也是较为常见的一种布局方式，其建筑物依据自然地形的起伏变化，较为自由地散置，更加强调师法自然，以真山水为依据，但较难确定中轴线和对称结构。江南传统公共园林中点状水体常常处于较为复杂多变的地形中，采取自由式布局，用回环曲折的路线，把许多景点巧妙地组织起来，取得别开生面的效果。在这类布局中，点状水体仍然是全园的焦点，但不一定处于几何中心位置，也不一定存在明显轴线。

3．空间组合型

空间组合型是几何组合型与自由组合型两者并用、互相结合的布局形式，主要有以下两类。

（1）总体布局的平面呈现规则式构图。其主体明确，各部分分配均匀，但各个局部采取自由式构图，利用局部地形特色，巧妙布置。

（2）总体布局利用地形地貌，做因地制宜的自由式布局。其中的某些局部采取规则式构图，形成对称式或均衡对称的一些院落。

在有山而无水源的情况下，以人工方式开凿小池以蓄水，并用来点缀建筑与自然环境，也可使“山得水而活”“水得山而媚”。这种小池，正因为小，故仅能起点缀作用；又因为其集中，常能发挥画龙点睛的作用。此外，这种小池属人工开凿，而常呈规则的矩形或半月形。

四、水体空间界面设计

（一）桥

桥，是渡水的必要设施，它可以帮助人们到达因水阻隔的地方。桥是人类跨越山河天堑的技术创造，给人类带来生活的进步与交通的便利，能引起人的美好联想，故而有“人间彩虹”的美称。在中国自然山水园林中，地形变化与水路相隔，需要桥来联系交通、沟通景区、组织游览路线，而且桥造型优美、形式多样，故能作为园林中重要造景建筑之一，因此，小桥流水成为中国园林及风景绘画的典型景色。

桥，既可以隔水又可以通路，在园林中通常设置在水面的狭窄之处，并在水面上偏于一侧，将水面分割成为一大一小的两个水池，一个开阔，一个幽静。桥在园林中既是一个观景点，又是水景不可分割的一部分。园林中桥的存在不仅塑造了水景的层次感和纵深感，还为水景增添了一份诗情画意。园林中有些景色如岛屿、水草等，若不在桥上观看可能体会不到其中的意境。园中的拱桥还能够提高人们的观景点，观赏到远处的景致并引人前往。有时拱桥还因角度不同而起到框景或障景的作用。

（二）岛

岛是指水域中较小的陆地，其多方位临水，有较少部分与陆地相连的岛称作“半岛”。岛易于成为水面的主要景点，它可以分隔水面，增加景观层次。另外，其自身又是观赏四面水景的最佳地点。岛是平淡水域的最好点缀，也是增加水域空间层次的重要手段。岛的数量不宜太多，“一池三山”一般仅用于大型水面。岛的形态也各有不同。岛从大到小可分为洲、渚、祉、派。虽然有分类，但在园林营建中并没有那么讲究。

（三）堤岸

园林中的堤岸一般是指大型水面上的带状陆地，主要用来挡水和分隔水面。堤岸不仅能分隔水域并增加空间层次和深度，还有引导游线和丰富水面景致的作用。但是如果湖面较小，堤岸过高或者过宽，既挡视线又不美观，还会使湖面变得狭小拥挤。所以堤岸应尽可能接近水面，使人行走其上有凌波之感。以堤岸划分水域，应有助于形成主从有序的水景效果。堤岸作为陆地游路不宜过曲或者过长，如果堤岸过长，应在其中做适当的节点，如以桥相连，桥上走人，桥下行船，既便利交通又丰富堤岸。堤岸上植树应疏密有致，空间隔而不断；堤岸上组景应有连续起伏的韵律感并形成优美的天际线。堤岸大多为直堤，上铺道路，堤岸高通常接近水面，便于游人亲水，堤岸中间还可设涵洞或桥梁来连通两侧的水体，有的还在堤岸上构筑小型建筑。

（四）汀步

汀步皆寥寥数块，错落参差，游者身历其境，踏步四望，低水、高山、曲涧，不期然之间便会产生恍在深山溪谷的感觉。在中国古典园林中，常以零散的叠石点缀于窄而浅的水面上，微露水面，形成线、道，使人能蹑步而行，故又叫“掇步桥”“汀步桥”“踏步桥”。汀步似桥非桥，似石非石，无架桥之形，却有渡桥之意；有人工的巧作，却更有自然的野趣。园林中运用这种渡水方式，质朴自然，别有情趣。汀步是中国园林美学“虽由人作，宛自天开”的极好阐释。人行其上，人与水的关系更为亲近，最有凌波之意。站在步石上看诸景，看山须仰视，看水似汪洋。山越显其高，水越显其近。再看步石通丘壑流水尽处，隐隐点点的褐色石面，更易让人感受到“水因断而流远”的意境。

（五）建筑

自古以来，传统园林就十分重视水体与建筑在造景上的结合。园林中许多优美的园林建筑景观也常常因水而成。为了与水体取得和谐的成景关系，也为了更方便、更有利地欣赏水景，园林建筑产生了就水架屋的水榭、水亭、水廊、桥亭、桥廊、舫等形式。这样设计建筑不仅可以欣赏水景，还可通过水旁的建筑在水中形成倒影，营造出美轮美奂的感官效果。在我国江南古典园林中，建筑和水的关系可以分为以下两种。

（1）依水而建。依水而建的有苏州网师园、拙政园等，园内的建筑都是环绕着水体建造的。

（2）贴水而建。贴水而建的有吴江同里古镇的退思园，园中的亭、廊、轩、榭、楼、阁等建筑全部紧贴水面，给人一种整个园林都漂浮于水面的景观效果。

园林中的水体同其周围建筑物的比例尺度以及风格的关系同样很重要。园中面积较小的水域，若在其旁边建造体量庞大的建筑，就会对水体产生一种压迫感，导致水面显得非常局促，从而失去了园中“湖”和“海”的感觉。

第三章

· 风景园林建筑小品设计

第一节　园林建筑的含义特点与构图原则

一、园林与园林建筑

园林是指在一定的地域运用工程技术和艺术手段，通过改造地形（或进一步筑山、叠石、理水）、种植树木花草、营造建筑和布置园路等途径创作而成的自然环境和游憩境域。园林的规模有大有小，内容有繁有简，但都包含四种基本的要素，即土地、水体、植物和建筑。其中，土地和水体是园林的地貌基础，土地包括平地、坡地、山地，水体包括河、湖、溪、涧、池、沼、瀑、泉等。天然的山水需要加工、修饰、整理；人工开辟的山水讲究造型，但需要解决许多工程问题。因此，筑山和理水就逐渐发展成为造园的专门技艺。植物栽培最先是以生产和实用为目的，随着园艺科技的发展才有了大量供观赏之用的树木和花卉。现代园林中，植物已成为园林的主角，植物材料在园林中的地位就更加突出了。上述三种要素都是自然要素，具有典型的自然特征。在造园中必须遵循自然规律，才能充分发挥其应有的作用。

园林建筑是指在园林中具有造景功能，同时又能供人游览、观赏、休息的各类建筑物。在中国古代的皇家园林、私家园林和寺观园林中，建筑物占了很大比重，其类别很多，变化丰富，积累了中国建筑的传统艺术及地方风格，匠心巧构在世界上享有盛名。现代园林中建筑所占的比重虽然大量减少，但对各类建筑的单体仍要仔细观察和研究其功能、艺术效果、位置、比例关系，与四周的环境协调统一等。无论是古代园林，还是现代园林，通常都把建筑作为园林景区或景点的“眉目”来对待，建筑在园林中往往起到画龙点睛的重要作用。园林建筑是构成园林诸要素中唯一经人工提炼，又与人工相结合的产物，能够充分表现人的创造和智慧，体现园林意境，并使景物更为典型和突出。建筑在园林中就是人工创造的具体表现，适宜的建筑不仅使园林增色，更使园林富有诗意。由于园林建筑是由人工创造出来的，因此，比起土地、水体、植物来，受到自然条件的约束更少。建筑的多少、大小、式样、色彩等处理，对园林风格的影响很大。园林的创作，是要幽静、淡雅的山林、田园风格，还是要艳丽、豪华的趣味，主要决定于建筑淡妆与浓抹的不同处理。园林建筑是由于园林的存在而存在的，没有园林与风景，就根本谈不上园林建筑这一种建筑类型。

二、园林建筑的功能

一般来说，园林建筑大都具有使用和景观创造两个方面的作用。

（一）使用功能

一是特定使用功能的建筑。如展览馆、影剧院、观赏温室、动物园兽舍等。

二是一般使用功能的休息类建筑。如亭、榭、阁、轩等。

三是交通类建筑。如桥、廊、花架、道路等。

四是特殊的工程设施。如水坝、水闸等。

（二）景观创造功能

园林建筑的功能主要表现在它对园林景观创造方面所起的积极作用，这种作用可以概括为以下四个方面。

1. 点景

点景即点缀风景。园林建筑与山水、植物等要素相结合而构成园林中的许多风景画面，有宜于就近观赏的，有适于远眺的。在一般情况下，园林建筑常作为这些风景画面的重点和主景，没有这些建筑也就不成其为“景”，更谈不上园林的美景了。重要的建筑物往往作为园林的一定范围内甚至整座园林的构景中心。

2．观景

观景即观赏风景。以一幢建筑物或一组建筑群作为观赏园内景观的场所；它的位置、朝向、封闭或开敞的处理往往取决于得景佳否，即是否能够使观赏者在视野内摄取到最佳的风景画面。在这种情况下，大到建筑群的组合布局，小到门窗、洞口或由细部所构成的“框景”都可以合理利用作为剪裁风景画面的手段。

3．范围空间

范围空间，即利用建筑物围合成一系列的庭院；或者以建筑为主，辅以山石植物，将园林划分为若干空间层次。

4．组织游览路线

组织游览路线是以园林中的道路结合建筑物的穿插、“对景”和障隔，创造的一种步移景异、具有导向性的游览观赏效果。

通常，园林建筑的外观形象与平面布局除了满足和反映特殊的功能性质，还要受到园林选景的制约。往往在某些情况下，甚至首先服从于园林景观设计的需要。在做具体设计的时候，需要把它们的功能与它们对园林景观应该起的作用恰当地结合起来。

三、园林建筑的特点

1．重视总体布局

园林建筑十分重视总体布局，既主次分明，轴线明确，又高低错落，自由穿插；既要满足使用功能的要求，又要满足景观创造的要求。

2．与环境自然融合

园林建筑是一种与园林环境及自然景观充分结合的建筑。因此，在基址选择上，要因地制宜，巧于利用自然又融入自然之中，将建筑空间与自然空间融成和谐的整体，优秀的园林建筑是空间组织和利用的经典之作。

3．强调造型美观与意境营造

强调造型美观是园林建筑的重要特色，在建筑的双重性中，有时园林建筑的美观和艺术性甚至要重于其使用功能。在重视造型美观的同时，还要极力追求意境的表达，要继承传统园林建筑中寓意深邃的意境，要探索、创新现代园林建筑中空间与环境的新意。

4．小型园林建筑的灵活性

小型园林建筑因小巧灵活，富于变化，常不受模式的制约，为设计者带来更多的艺术发挥的余地。

5．园林建筑色彩明朗与装饰精巧

①在色彩方面，中国古典园林建筑有着鲜明的色彩。现代园林建筑的色彩多以轻快、明朗为主，力求表现园林建筑轻巧、活泼、简洁、明快的性格；②在装饰方面，不论古今，园林建筑都以精巧的装饰取胜，建筑上善于应用各种门洞、漏窗、花格、隔断、空廊等，构成了精巧的装饰，尤其将山石、植物等引入建筑，使装饰更为生动。因此，通过建筑的装饰增加园林建筑本身的美，主要是通过装饰手段使建筑与景致取得更密切的联系。

四、园林建筑的构图原则

建筑构图必须服务于建筑的基本目的，即为人们建造美好的生活和居住的使用空间。这种空间是建筑功能与工程技术和艺术技巧结合的产物，都需要符合适用、经济、美观的基本原则，在艺术构图方法上也都要考虑诸如统一、变化、尺度、比例、均衡、对比等原则。然而，由于园林建筑与其他建筑类型在物质和精神功能方面有许多不同之处，因此，在构图方法上与其他类型的建筑有差异，有时在某些方面表现得更为突出。园林建筑构图原则概括起来有以下几个方面。

（一）统一

园林建筑中各组成部分，其体形、体量、色彩、线条、风格具有一定的相似性或一致性，给人以统一感，可产生整齐、庄严、肃穆的感觉；与此同时，为了克服呆板、单调之感，应力求在统一之中有变化。

在园林建筑设计中，园林建筑的各种功能会自发形成多样化的格局，当要把园林建筑设计得能够满足各种功能要求时，建筑本身的复杂性势必演变成形式的多样化，甚至一些功能要求很简单的设计，也可能需要一大堆各不相同的结构要素。因此，一个园林建筑设计师的首要任务是把那些势在难免的多样化组成引人入胜的统一。园林建筑设计中获得统一的方式有以下几种。

1．材料统一

园林中非生物性的布景材料，以及由这些材料形成的各类建筑及小品，也要求统一。同一座园林中的指路牌、灯柱、宣传画廊、座椅、栏杆、花架等，常常具有功能和美学的双重作用，因此点缀在园内制作的材料都是需要统一的。

2．明确轴线

建筑构图中常运用轴线来安排各组成部分间的主次关系。轴线可强调位置，主要部分安排在主轴上，从属部分则在轴线的两侧或周围。轴线可使各组成部分形成整体，这时等量的二元体若没有轴线则难以构成统一的整体。

3．突出主体

同等的体量难以突出主体，利用差异作为衬托，才能强调主体，可利用体量的差异、高低的差异来衬托主体，由三段体的组合可看出利用衬托以突出主体的效果。在空间的组织上，也同样可以用大小空间的差异与衬托来突出主体。通常，以高大的体量突出主体，是一种极有成效的手法，尤其在复杂的局部组成中，只有高大的主体才能统一全局，如颐和园的佛香阁。

（二）对比

在建筑构图中利用一些因素（如色彩、体量、质感）的程度上的差异来取得艺术上的表现效果。差异程度显著的表现称为对比。对比使人们对造型艺术品产生深刻和强烈的印象，使人们对物体的认识得到夸张，它可以对形象的大小、长短、明暗等起到夸张作用。在建筑构图中常用对比取得不同的空间感、尺度感或某种艺术上的表现效果。

1．大小的对比

一个大的体量在几个较小体量的衬托下，大的会显得更大，小的则更显小。因此，在建筑构图中常用若干较小的体量来与一个较大的体量进行对比，以突出主体，强调重点。在纪念性建筑中常用这种手法取得雄伟的效果。如广州烈士陵园南门两侧小门与中央大门形成的对比。

2．方向的对比

方向的对比同样得到夸张的效果。在建筑的空间组合和立面处理中，常常用垂直与水平方向 的对比以丰富建筑形象。

横线条与直线条的对比，可使立面划分得更丰富。但对比应恰当，不恰当的对比即表现为不协调。

3．虚实的对比

建筑形象中的虚实，常常是指实墙与空洞（门、窗、空廊）的对比。在纪念性建筑中常用虚实对比形成严肃的气氛。有些建筑由于功能要求形成大片实墙，但艺术效果上又不需要强调实墙面的特点，则常加以空廊或做质地处理，以虚实对比的方法打破实墙的沉重与闭塞感。实墙面上的光影，也形成虚实对比的效果。

4．明暗的对比

在建筑的布局中可以通过空间疏密、开朗与闭锁的有序变化，形成空间在光影、明暗方面产生的对比，使空间明中有暗，暗中有明，引人入胜。

5．色彩的对比

色彩的对比主要是指色相对比，色相对比是指两个相对的补色为对比色，如红与绿、黄与紫等；或指色度对比，即颜色深浅程度的对比。在建筑中色彩的对比，不一定要找对比色，只要色彩差异明显，即有对比的效果。中国古典建筑色彩对比极为强烈，如红柱与绿栏杆的对比，黄屋顶与红墙、白台基的对比。

（三）均衡

在视觉艺术中，均衡是任何现实对象中都存在的特性，均衡中心两边的视觉趣味中心，分量是相当的。由均衡所形成的审美方面的满足，似乎和眼睛“浏览”整个物体时的动作特点有关。例如，眼睛从一边向另一边看去，觉得左右两半的吸引力是一样的，人的注意力就会像摆钟一样来回游荡，最后停在两极中间的一点上。如果把这个均衡中心有重点地加以标定，使眼睛能满意地在上面停息下来，这就在观者的心目中产生了一种健康而平静的瞬间。

由此可见，具有良好均衡性的艺术品，必须在均衡中心予以某种强调，或者说，只有容易察觉的均衡才能令人满足。建筑构图应遵循这一自然法则。建筑物的均衡，关键在于有明确的均衡中心（或中轴线），如何确定均衡中心，并加以适当地强调，这是构图的关键。均衡有以下两种类型。

1．对称均衡

在这类均衡中，建筑物对称轴线的两旁是完全一样的，只要把均衡中心以某种巧妙的手法来加以强调，立刻给人一种安定的均衡感。

2．不对称均衡

不对称均衡要比对称均衡的构图更需要强调均衡中心，要在均衡中心加上一个有力的“强音”。另外，也可利用杠杆的平衡原理，一个远离均衡中心、意义上较为次要的小物体，可以用靠近均衡中心、意义上较为重要的大物体来加以平衡。均衡不仅表现在立面上，而且在平面布局上、形体组合上都应加以注意。

（四）韵律

在视觉艺术中，韵律是任何物体的诸元素成系统重复的一种属性，这些元素之间具有可以认识的关系。在建筑构图中，这种重复一定是由建筑设计所引起的视觉可见元素的重复。如光线和阴影，不同的色彩、支柱、开洞及室内容积等，一个建筑物的大部分效果，就是依靠这些韵律关系的协调性、简洁性以及威力感来取得的。园林中的走廊以柱子有规律的重复形成强烈的韵律感。

建筑构图中韵律的类型大致有以下几种。

1. 连续韵律

连续韵律是指在建筑构图中由一种或几种组成部分的连续重复排列而产生的一种韵律。连续韵律可做多种组合。

（1）距离相等、形式相同，如柱列；距离相等、形状不同，如园林展窗。

（2）不同形式交替出现的韵律，如立面上窗、柱、花饰等的交替出现。

（3）上、下层不同的变化而形成韵律，并有互相对比与衬托的效果。

2. 交错韵律

在建筑构图中，各组成部分有规律地纵横穿插或交错产生的韵律即交错韵律。其变化规律按纵横两个方向或多个方向发展，因而是一种较复杂的韵律，花格图案上常出现这种韵律。

韵律可以是不确定的、开放式的，也可以是确定的、封闭式的。只把类似的单元做等距离的重复，没有一定的开头和一定的结尾，这叫作开放式韵律。在建筑构图中，开放式韵律的效果是动荡不定的，含有某种不限定和骚动的感觉。通常在圆形或椭圆形建筑构图中，处理成连续而有规律的韵律是十分恰当的。

（五）比例

比例是各个组成部分在尺度上的相互关系及其与整体的关系。建筑物的比例包含两方面的意义：

（1）建筑物的比例指的是整体上（或局部构件）的长、宽、高之间的关系。

（2）建筑物整体与局部（或局部与局部）之间的大小关系。

园林建筑推敲比例与其他类型的建筑有所不同，一般建筑类型只需推敲房屋内部空间和外部形体从整体到局部的比例关系，而园林建筑除了房屋本身的比例，园林环境中的水、树、石等各种景物，因需人工处理也存在推敲其形状、比例问题。不仅如此，为了整体环境的协调，还特别需要重点推敲房屋和水、树、石等景物之间的比例协调关系。影响建筑比例的因素有以下几点。

1. 建筑材料

古埃及用条石建造宫殿，跨度受石材的限制，所以廊柱的间距很小；后用砖结构建造拱券形式的房屋，室内空间很小而墙很厚；到了用木结构的长远年代，屋顶的变化才逐渐丰富起来；近代混凝土的崛起，一扫过去的许多局限性，突破了几千年的老框框，园林建筑丰富多彩，造型上的比例关系也得到了解放。

2. 建筑的功能与目的

如为了表现雄伟，建造宫殿、寺庙、教堂、纪念堂等常常采取大的比例，借以表现建筑的崇高而令人景仰，这是功能的需要远离了生活的尺度。这种效果后来被利用到公共建筑、政治性建筑、娱乐性建筑和商业性建筑中，以达到各种不同的目的。

3. 建筑艺术传统和风俗习惯

如中国廊柱的排列与西方不同，具有不同的比例关系。江南一带古典园林建筑造型式样之所以轻盈清秀，与木构架用材纤细，如细长的柱子、轻薄的屋顶、高翘的屋角、纤细的门窗栏杆细部纹样等在处理上采用一种较小的比例关系是分不开的。同样，粗大的木构架用材，如较粗壮的柱子、厚重的屋顶、低缓的屋角起翘和较粗实的门窗栏杆细部纹样等采用了较大的比例，因而构成了北方皇家园林浑厚端庄的造型式样及其豪华的气势。

现代园林建筑在材料结构上已有很大发展，以钢、钢筋混凝土、砖石结构为骨架的建筑物的可塑性很大，非特别情况不必去抄袭模仿古代的建筑比例和式样，而应有新的创造。如能在其中，适当蕴含一些民族传统的建筑比例韵味，取得神似的效果，亦将会别开生面。

4. 周围环境

园林建筑环境中的水、树姿、石态优美与否与它们本身的造型比例，以及它们与建筑物的组合关系紧密相关的，同时它们受人们主观审美要求的影响。水本无形，形成于周界，或溪或池，或涌泉或飞瀑，因势而别；树木有形，树种繁多，或高直或低平，或粗壮对称，或袅娜斜探，姿态万千；山石亦然，或峰或峦，或峭壁或石矶，形态各异。这些景物本属天然，但在人工园林建筑环境中，在形态上究竟采取何种比例为宜，则决定于与建筑在配合上的需要；而在自然风景区则情形相反，是以建筑物配合山水、树石为前提。在强调端庄气氛的厅堂建筑前宜取方整规则比例的水池组成水院；强调轻松活泼气氛的庭院，则宜曲折随意地组织池岸，亦可仿曲溪沟泉，但须与建筑物在高低、大小、位置上配合协调。树石设置，或孤植、群植，或散布、堆叠，都应根据建筑画面构图的需要认真推敲其造型比例。

（六）尺度

和比例密切相关的另一个建筑特性是尺度。在建筑学中，尺度这一特性能使建筑物呈现出恰当的或预期的某种尺寸，这是一个独特的似乎是建筑物本能上所要求的特性。人们都乐于接受大型建筑或重点建筑的巨大尺寸和壮丽场面，也都喜欢小型住宅亲切宜人的特点。寓于物体尺寸中的美感，是一般人都能意识到的性质，在人类发展的早期，对此就已经有所觉察。所以，当人们看到一座建筑物尺寸和实际应有尺寸完全是两码事的时候，人们本能地会感到扫兴或迷惑不解。

因此，一个好的建筑要有好的尺度，但好的尺度不是唾手可得的，而是一件需要苦心经营的事情，并且，在设计者的头脑里对尺度的考虑必须支配设计的全过程。要使建筑物有尺度，必须把某个单位引到设计中去，使之产生尺度，这个引入单位的作用，就好像一个可见的标杆，它的尺寸，人们可简易、自然和本能地判断出来，与建筑整体相比，如果这个单位看起来比较小，建筑就会显得大；若是看起来比较大，整体就会显得小。

人体自身是度量建筑物的真正尺度，也就是说，建筑的尺寸感，能在人体尺寸或人体动作尺寸的体会中最终分析清楚。因此，常用的建筑构件必须符合人们的使用要求而具有特定的标准，如栏杆、窗台为 1 m 高左右，踏步为 15 cm 左右，门窗为 2 m 左右，这些构件的尺寸一般是固定的，因此，可作为衡量建筑物大小的尺度。

尺度与比例之间的关系是十分亲切的。良好的比例常根据人的使用尺寸的大小形成，而正确的尺度感则是由各部分的比例关系显示出来的。

园林建筑构图中尺度把握的正确与否，其标准并非绝对，但要想取得比较理想的尺度，可以采用以下方法。

1. 缩小建筑构件的尺寸，取得与自然景物的协调

中国古典园林中的游廊，多采用小尺度的做法，廊子宽度一般在 1.5 m 左右，高度伸手可及横楣，坐凳栏杆低矮，游人步入其中倍感亲切。在建筑庭院中还常借助小尺度的游廊烘托突出较大尺度的厅、堂之类的主体建筑，并通过这样的尺度来取得更为生动活泼的协调效果。要使建筑物和自然景物尺度协调，还可以把建筑物的某些构件如柱子、屋面、基座、踏步等直接用自然山石、树枝、树皮等来替代，使建筑与自然景物得以相互交融。四川青城山有许多用原木、树枝、树皮构筑的亭、廊，与自然景色十分贴切，尺度效果亦佳。现代一些高层大体量的旅馆建筑，亦多采用园林建筑的设计手法，在底层穿插布置一些亭、廊、榭、桥等，用以缩小观景的视野范围，使建筑和自然景物之间互为衬托，从而获得室外空间亲切宜人的尺度。

2. 控制园林建筑室外空间尺度，避免削弱景观效果

这方面，主要与人的视觉规律有关。一般情况下，在各主要视点赏景的控制视角为 60° ～ 90° ，或画面中的树木、山丘等配景的高度、视点与景观对象之间的距离约在 1 : 1 ～ 1 : 3 之间。若在庭院空间中各个主要视点观景，所得的视角比值都大于 1 : 1，则将在心理上产生紧迫和闭塞的感觉；如果小于

1∶3，这样的空间又将产生散漫和空旷的感觉。

以上讨论的问题是如何把建筑物或空间做得比实际尺寸明显小些；与此相反，在某些情况下，则需要将建筑物或空间做得比实际尺寸明显大些，也就是试图使一个建筑物显得尽可能地大。欲达此目的，就应加大建筑物的尺度，一般可采用适当放大建筑物部分构件的尺寸来达到，以突出其特点，即采用夸张的尺度来处理建筑物的一些引人注目的部位，给人们留下深刻的印象。

（七）色彩

色彩的处理与园林空间的艺术感染力有密切的关系。形、声、色、香是园林建筑艺术意境中的重要因素，其中形与色范围更广，影响也较大。在园林建筑空间中，无论建筑物、山、石、水体、植物等主要都以形、色动人，园林建筑风格的主要特征大多也表现在形和色两个方面。中国传统园林建筑以木结构为主，但南方风格体态轻盈，色泽淡雅；北方则造型浑厚，色泽华丽。现代园林建筑采用玻璃、钢材和各种新型建筑装饰材料，造型简洁，色泽明快，引起了建筑形、色的重大变化，建筑风格正以新的面貌出现。

园林建筑的色彩与材料的质感有着密切的联系。色彩有冷暖、浓淡的差别，色彩感情和联想及其象征的作用可给人以不同的感受。质感则主要表现在景物外形的纹理和质地两个方面。纹理有直曲、宽窄、深浅之分，质地有粗细、刚柔、隐显之别。质感虽不如色彩能给人多种情感上的联想、象征，但它可以加强某些情调上的气氛。色彩和质感是建筑材料表现上的双重属性，两者相辅共存，只要善于去发现各种材料在色彩、质感上的特点，并利用韵律、对比、均衡等各种构图变化，就有可能获得良好的艺术效果。

运用色彩与质地来提高园林建筑的艺术效果，是园林建筑设计中常用的手法，在应用时应注意以下问题。

1．注重自然景物的协调关系

作为空间环境设计，园林建筑对色彩和质感的处理除考虑建筑物外，各种自然景物相互之间的协调关系也必须同时进行推敲，应使组成空间的各要素形成有机的整体，以利于提高空间整体的艺术质量和效果。

2．处理色彩质感的方法

（1）微差。所谓微差是指在空间构成要素之间存在一定的差异，但这种差异在整体关系中所占比例极小，相较于它们之间的相似性而言可忽略不计。园林建筑中的艺术情趣是多种多样的，为了强调亲切、宁静、雅致和朴素的艺术气氛，多采用微差的手法取得协调，突出艺术意境。如成都杜甫草堂、望江亭公园、青城山风景区和广州兰圃公园的一些亭子、茶室，采用竹柱、草顶或墙，柱以树枝、树皮建造，使建筑物的色彩与质感和自然中的山石、树丛尽量一致。经过这样的处理，艺术气氛显得异常古朴、清雅、自然，耐人寻味，这些都是利用微差手法达到协调效果的典型事例。园林建筑设计，不仅单体可用上述处理手法，其他建筑小品如踏步、坐凳、栏杆等，也同样可以仿造自然的山与植物以与环境相协调。

（2）考虑色彩与质感的时候，视线距离的影响因素应予以注意。对于色彩效果，视线距离越远，空间中彼此接近的颜色因空气尘埃的影响就越容易变成灰色调；而对比强烈的色彩，其中暖色相对会显得愈加鲜明。在质感方面则不同，距离越近，质感对比越显强烈，但随着距离的增大，质感对比的效果也随之逐渐减弱。

此外，建筑物墙面质感的处理也要考虑视线距离的远近，选用材料的品种决定分格线条的宽窄和深度。如果视点很远，墙面无论是用大理石、水磨石、水刷石、普通水泥色浆，只要色彩一样，其效果不会有多大区别；但是，随着视线距离的缩短，材料的不同，以及分格嵌缝宽度，深度大小不同的质感效果就会显现出来。

第二节 园林建筑的空间处理

一、空间的概念

人们的一切活动都是在一定的空间范围内进行的。其中，建筑空间（包括室内空间、建筑围成的室外空间以及两者之间的过渡空间）给予人们的影响和感受最直接、最重要。

人们从事建造活动，花力气最多、花钱最多的地方是在建筑物的实体方面，即基础、墙垣、屋顶等，但是人们真正需要的却是这些实体的反面，即实体所包围起来的“空”的部分，也就是所谓的“建筑空间”。因此，现代建筑师都把空间的塑造作为建筑创作的重点来看待。

人类对建筑空间的追求并不是什么新的课题，而是人类按自身的需求，不断地征服自然、创造性地进行社会实践的结果。从原始人定居的山洞、搭建最简易的窝棚到现代建筑空间，经历了漫长的发展历程，而推动建筑空间不断发展、不断创新的，除了社会的进步、新技术和新材料的出现，给创作提供了可能性，最重要的、最根本的就是人们不断发展、不断变化着的对建筑空间的需求。人与世界接触，因关系及层次的不同而有着不同的境界，人们要创造出各种不同的建筑空间去适应不同境界的需要，如为了满足自身生理和心理的需要而建立私密性较强、具有安全感的建筑空间；为满足家庭生活的伦理境界而建造住宅、公寓；为适应彼此的交流与沟通的需要而建造商店、剧院、学校……

中国传统的木构架建筑，由于受到木材及结构本身的限制，内部的建筑空间一般比较简单，单体建筑比较定型。布局上，总是把各种不同用途的房间分解为若干幢单体建筑，每幢单体建筑都有其特定的功能与一定的“身份”，以及与这个“身份”相适应的位置，然后以庭院为中心，以廊子和墙为纽带把它们联系为一个整体，逐渐发展成了以“四合院”为基本单元形式、呈纵横向水平铺开的群体组合。庭院空间成为建筑内部空间的一种必要补充，内部空间与外部空间的有机结合成为建筑规划设计的主要内容。建筑艺术处理的重点，不仅表现在建筑结构本身的美化、建筑的造型及少量的附加装饰上，而且更加强调建筑空间的艺术效果，更精心地追求一种稳定的空间序列层次发展所获得的总体感受。中国古代的住宅、寺庙、宫殿等，大体都是如此。中国的园林建筑空间，为追求与自然山水相结合的意趣，把建筑与自然环境更紧密地配合，因而更加曲折变化、丰富多彩。

二、空间的处理方法

（一）空间的对比

为创造丰富变化的园景和给人以某种视觉上的感受，中国园林建筑的空间组织经常采用对比的手法。在不同的景区之间，两个相邻而内容又不尽相同的空间之间，一个建筑组群中的主、次空间之间，都常形成空间上的对比。其中主要包括空间大小的对比、空间虚实的对比、次要空间与主要空间的对比、幽深空间与开阔空间的对比、空间形体上的对比、建筑空间与自然空间的对比等。

1. 空间大小的对比

将两个显著不同的空间相连接，由小空间进入大空间衬托后者更为宽阔的做法，是园林空间处理中为突出主要空间而经常运用的一种手法。这种小空间可以是低矮的游廊，小的亭、榭，小院，一个以树木、山石、墙垣所环绕的小空间，其位置一般处于大空间的边界地带，以敞口对着大空间，取得空间的连通和较大的进深。当人们处于任何一种空间环境中时，总习惯于寻找到一个适合自己的恰当“位置”。在园林环境中，游廊、亭轩的坐凳，树荫覆盖下的一块草坪，靠近叠石、墙垣的座椅，都是人们乐于停留的地方。人们愿意从一个小空间中去看大空间，愿意从一个安定的、受到庇护的小环境中去观赏大空间中动态的、变化着的景物。因此，园林中布置在周边的小空间，不仅衬托和突出了主体空间，给人以空间变化丰富的感受，而且也很适合于人们在游赏中心理上的需要，因此，这些小空间常成为园林建筑空间处理中比较精彩的部分。

空间大小对比的效果是相对的，它是通过大小空间的转换，在瞬时产生大小强烈的对比，使那些本来不太大的空间显得特别开阔。

2. 空间形状的对比

园林建筑空间形状对比包括：①单体建筑的形状对比；②建筑围合的庭院空间的形状对比。形状对比主要表现在平、立面形式上的区别。方和圆、高直与低平、规则与自由，在设计时都可以利用这些空间形状上互相对立的因素，来取得构图上的变化和突出重点。

从视觉心理上来说，规矩方正的单体建筑和庭园空间易于形成庄严的气氛；而比较自由的形式，如三角形、六边形、圆形和自由弧线组合的平、立面形式，则易形成活泼的气氛。同样，对称布局的空间容易给人以庄严的印象；而不对称布局的空间则多为一种活泼的感受。庄严或活泼，主要取决于功能和艺术意境的需要。传统私家园林，主人日常生活的庭院多取规矩方正的形状，憩息玩赏的庭院则多取自由形式。从前者转入后者时，由于空间形状对比的变化，艺术气氛突变而倍增情趣。形状对比需要有明确的主从关系，一般情况主要靠体量大小的不同来解决。如北海公园里的白塔和重檐琉璃佛殿，体量上的大与小、形状上的圆与方、色彩上的洁白与重彩、线条上的细腻与粗犷，对比都很强烈，艺术效果极佳。

3. 建筑与自然景物的对比

在园林建筑设计中，严整规则的建筑物与形态万千的自然景物之间包含着形、色、质感种种对比因素，可以通过对比突出构图重点来获得景效。建筑与自然景物的对比，也要有主有从，或以自然景物烘托突出建筑，或以建筑烘托突出自然景物，使两者结合成协调的整体。风景区的亭榭空间环境，建筑是主体，四周自然景物是陪衬，亭、榭起点景作用。有些用建筑物围合的庭院空间环境，池沼、山石、树丛、花木等自然景物是赏景的兴趣中心，建筑物反而成了烘托自然景物的背景。

园林建筑空间在大小、形状、明暗、虚实等方面的对比手法，经常互相结合，交叉运用，使空间有变化、有层次、有深度，建筑空间与自然空间有很好的结合与过渡，从而达到园林建筑实用与造景两方面的基本要求。

（二）空间的渗透

在园林建筑空间处理时，为了避免单调，获得空间的变化，常常采用空间相互渗透的方法。人们观赏景色，如果空间毫无分隔和层次，则无论空间有多大，都会因为一览无余而感到单调乏味；相反，置身于层次丰富的较小空间中，如果布局得体能获得众多美好的画面，则会使人在目不暇接的视觉感受过程中忘却空间的大小限制。因此，处理好空间的相互渗透，可以突破有限空间的局限性取得大中见小或小中见大的变化效果，从而增强艺术感染力。如中国古代有许多名园，占地面积和总的空间体积并不大，但因能巧妙使用空间渗透的处理手法，形成比实用空间要广大得多的错觉，给人深刻的印象。处理空间渗透的方法概括起来有两种。

1．相邻空间的渗透

（1）流动景框。指人们在流动中通过连续变化的“景框”观景，从而获得多种变化着的画面，取得扩大空间的艺术效果。在陆地上由于建筑物不能流动，要达到这种观赏目的，只能在有人流的路线上，通过设置一系列不同形状的门、窗、洞口去摄取“景框”外的各种不同画面。

（2）利用空廊互相渗透。廊子不仅在功能上起交通联系的作用，也可以作为分隔建筑空间的重要手段。用空廊分隔空间可以使两个相邻空间通过互相渗透，把对方空间的景色吸收进来以丰富画面，增添空间层次和取得交错变化的效果。如广州白云宾馆底层庭院面积不大，但在水池中部增添了一段紧贴水面的桥廊，把它分隔为两个不同组景特色的水庭，通过空廊的互相借景，增添了空间的层次，取得了似分似合、若即若离的艺术情趣。用廊子分隔空间形成渗透效果，要注意推敲视点的位置、透视角度以及廊子的尺度及其造型的处理。

（3）利用曲折、错落变化增添空间层次。在园林建筑空间组合中常常采用高低起伏的曲廊、折墙、曲桥、弯曲的池岸等手法来化大为小分隔空间，增添空间的渗透与层次。同样，在整体空间布局上也常把各种建筑物和园林环境加以曲折错落布置，以求获得丰富的空间层次和变化。特别是一些由各种厅、堂、榭、楼、院单体建筑围合的庭院空间处理上，如果缺少曲折错落则无论空间多大，都势必造成单调乏味的弊病。错落变化时不可为曲折而曲折，为错落而错落，必须以在功能上合理、在视觉景观上能获得优美画面和高雅情趣为前提。为此，设计师需要认真仔细推敲曲折的方位角度和错落的距离、高度尺寸。

在中国古典园林建筑中巧妙利用曲折错落的变化以增添空间层次，取得良好艺术效果的例子有：苏州网师园的主庭院、拙政园中的小沧浪和倒影楼水院；杭州三潭印月；北方皇家园林中的避暑山庄万壑松风、天宇威扬；北京北海公园白塔南山建筑群、静心斋；颐和园佛香阁建筑群、画中游、谐趣园；等等。

2．室内外空间的渗透

建筑空间室内室外的划分是由传统的房屋概念形成的。所谓室内空间一般是指具有顶、墙、地面围护的室内部空间，在它之外的称作室外空间。通常的建筑，空间的利用重在室内，但园林建筑，室内外空间都很重要。在创造统一和谐的环境角度上，它们的含义也不尽相同，甚至没有区分它们的必要。按照一般概念，在以建筑物围合的庭院空间布局中，中心的露天庭院与四周的厅、廊、亭、榭，前者一般被视为室外空间，后者被视为室内空间；但从更大的范围看，也可以把这些厅、廊、亭、榭视作如围合单一空间的门、窗、墙面一样的手段。用它们来围合庭院空间，即形成一个更大规模的半封闭（没有顶）的“室内”空间。而“室外”空间相应是庭院以外的空间了。同理，还可以把由建筑组群围合的整个园内空间视为“室内”空间，而把园外空间视为“室外”空间。

扩大室内外空间的含义，目的在于说明所有的建筑空间都是采用一定手段围合起来的有限空间，室内室外是相对而言的，处理空间渗透的时候，可以把“室外”空间引入“室内”，或者把“室内”空间扩大到“室外”。在处理室内外空间的渗透时，既可以采用门、窗、洞口等“景框”手段，把邻近空间的景色间接地引入室内，也可以采取把室外的景物直接引入室内，或把室内景物延伸到室外的办法来取得变化，使园林与建筑能交相穿插，融合成为有机的整体。

第三节　园林建筑小品设计

一、园林小品的基础知识

生活离不开艺术，艺术体现了一个国家或一个民族的特点，表达了人们的思想情感。在景观设计中，艺术因素当然是不可或缺的。正是这些艺术小品和设施，成为让空间环境生动起来的关键因素。由此可见，景观环境只是满足实用功能还远远不够，艺术小品的出现，提高了整个空间环境的艺术品质，改善了城市环境的景观形象，给人们带来美的享受。

（一）园林小品的定义

园林小品是园林中供休息、装饰、照明、展示及为园林管理和方便游人之用的小型建筑设施，一般设有内部空间，体量小巧，造型别致。园林小品既能美化环境，丰富园趣，为游人提供休息和公共活动的方便，又能使游人从中获得美的感受和良好的教益。

（二）园林小品的功能

1．造景功能（美化功能）

园林景观小品具有较强的造型艺术性和观赏价值，所以能在环境景观中发挥重要的艺术造景功能。在整体环境中，园林小品虽然体量不大，却往往起着画龙点睛的作用。

2．使用功能（实用功能）

许多小品具有使用功能，可以直接满足人们的需求。例如，亭、廊、榭、椅凳等小品，可供人们休息、纳凉和赏景；园灯可以提供夜间照明；儿童游乐设施小品可为儿童游戏、娱乐使用。

3．信息传达功能（标志区域特点）

一些园林小品还具有文化宣传教育的作用，如宣传廊、宣传牌可以向人们介绍各种文化知识以及进行法律法规教育等。道路标志牌可以给人提供有关城市及交通方位上的信息。优秀的小品具有特定区域的特征，是该地人文历史、民风民情以及发展轨迹的反映。通过景观中的设施与小品可以提高区域的识别度。

4．安全防护功能

一些园林小品具有安全防护功能，保证人们游览、休息或活动时的人身安全和管理秩序，并强调划分不同空间功能，如各种安全护栏、围墙、挡土墙等。

5．提高整体环境品质功能

通过园林小品来表现景观主题，可以引起人们对环境和生态以及各种社会问题的关注，产生一定的社会文化意义，改良景观的生态环境，提高环境艺术品位和思想境界，提升整体环境品质。

二、景观小品的设计原则

（一）个体设计方面

1. 功能性

有些景观小品除了装饰性，还具有一定的使用功能。景观小品是物质生活更加丰富后产生的新事物，适应城市发展的需要设计出符合功能需要的景观小品，是设计师的职责所在。

2. 技术性

设计是关键，技术是保障，只有良好的技术，才能把设计师的意图完整地表达出来。技术性必须做到合理地选用景观小品的建造材料，注意景观小品的尺寸和大小，为景观小品的施工提供有利依据。

3. 艺术性

艺术性是景观小品设计中较高层次的追求，有一定的艺术内涵，应反映时代精神面貌，体现特定的历史时期的文化积淀。景观小品是立体的空间艺术塑造之物，要科学地应用现代材料、色彩等诸多因素，设计一个个具有艺术特色和艺术个性的景观小品。

（二）和谐设计方面

景观环境中各元素应该相互照应、相互协调。每一种元素都应与环境相融。景观小品是环境综合设计的补充和点睛之笔，和谐设计十分必要。在设计中要注意以下几点要求。

1. 具有地方性色彩

地方性色彩是指要符合当地的气候条件、地形地貌、民俗风情等因素的表达方式，而景观小品正是体现这些因素的表达方式之一。因此，合理地运用景观小品是景观设计中体现城市文化内涵的重点。

2. 考虑社会性需要

在现代社会中，优美的城市环境和优秀的景观小品具有很重要的社会效益。在设计时，要充分考虑社会的需要、城市的特点以及市民的需求，才能使景观小品实现其社会价值。

3. 注重生态环境的保护

景观小品一般多与水体、植物、山石等景观元素共同造景，在体现景观小品自身功能外，不能破坏其周围的其他环境，使自然生态环境与社会生态环境得到和谐改善。

4．具有良好的景观性效果

景观小品的景观性包括两个方面：①景观小品的造型、色彩等形成的个性装饰性；②景观小品与环境中其他元素共同形成的景观功能性。各种景观因素相互协调，搭配得体，互相衬托，才能使景观小品在景观环境中成为良好的设计因素。

（三）以人为本设计方面

1．满足人的行为需求

人是环境的主体，园林小品的服务对象是人，所以人的行为、习惯、性格、爱好等各种状态是园林小品设计的重要参考依据。尤其是公共设施的艺术设计，要以人为本，满足各种人群的需求，尤其是残障人士的需求，体现人文关怀。园林小品设计时还要考虑人的需求尺度，如座椅的高度、花坛的高度等。只有对这些因素有充分的了解，才能设计出真正符合人类需要的园林小品。

2．满足人的心理需求

园林小品的设计要考虑人类心理需求的空间，如私密性、舒适性等，如座椅的布置方式会对人的行为产生什么样的影响、供几个人坐较为合适等。这些问题涉及对人心理的考虑和适应。

3．满足人的审美要求

园林小品的设计应具有较高的视觉美感，符合美学原理和人的审美需求。对其整体形态和局部形态、比例和造型、材料和色彩的美感进行合理的设计，从而形成内容健康、形式完美的园林景观小品。

4．满足人的文化认同感

一个成功的园林小品不仅具有艺术性，而且还应有深厚的文化内涵。通过园林小品可以反映它所处的时代精神面貌，体现特定的城市、特定历史时期的文化传统积淀。所以，园林小品的设计要尽量满足文化的认同，使其真正成为反映历史文化的媒介。园林小品设计与周围的环境和人的关系是多方面的，是功能、技术与艺术相结合的产物，要符合适用、坚固、经济、美观的要求。

三、园林小品的创作要求

园林小品的创作要满足以下几点要求。

1．立其意趣

根据自然景观和人文风情构思景点中的小品。

2. 合其体宜

选择合理的位置和布局，做到巧而得体，精而合宜。

3. 取其特色

充分反映建筑小品的特色，把它巧妙地融在园林造型之中。

4. 顺其自然

不破坏原有风貌，做到得景随形。

5. 求其因借

通过对自然景物形象的取舍，使造型简练的小品获得景象丰满充实的效应。

6. 饰其空间

充分利用建筑小品的灵活性、多样性以丰富园林空间。

7. 巧其点缀

把需要突出表现的景物强化出来，把影响景物的角落巧妙地转化成为游赏的对象。

8. 寻其对比

把两种明显差异的素材巧妙地结合起来，相互烘托，凸显双方的特点。

四、园林建筑小品的作用及其设计原则

园林建筑小品是指园林中体量小巧、功能简单、造型别致、富有情趣、选址恰当的精美构筑物。园林建筑小品，一般都具有简单的实用功能，又具有装饰性的造型艺术特点。由于其体量较小，一般不具有可供游人入内的内部空间。它既有园林建筑技术的要求，又有造型艺术和空间组合上的美感要求。因此，园林建筑小品在园林中既作为实用设施，又作为点缀风景的艺术装饰。

（一）园林建筑小品的作用

在园林造景中建筑小品作为园林空间的点缀，虽然小，倘能匠心独运，则有点睛之妙；作为园林建筑的配件，虽然从属而能巧为烘托，可谓小而不残，从而不卑，与园林整体相得益彰。所以，园林建筑小品的设计及处理，只要剪裁得体，配置得当，必将构成一个个优美动人的园林景致。园林建筑小品在园林中的作用大致包括以下几个方面。

1. 组景

园林建筑在园林空间中，除具有自身的使用功能外，还作为被观赏的对象和人们观赏景色的场所，因此，设计中常常使用建筑小品把外界的景色组织起

来，使园林意境更为生动，画面更富诗情画意。在古典园林中，为了创造空间层次和富于变幻的效果，常常借助建筑小品的设置与铺排，一堵围墙或一个门洞都予以精心塑造。

2．观赏

园林建筑小品，尤其是那些独立性较强的建筑要素，如果处理得好，其自身往往就是造园的一景。杭州西湖的“三潭印月”就是以传统的水庭石灯的小品形式“漂浮”于水面，使月夜景色更为迷人。成都锦水苑茶室的景窗，以热带鱼的优美形象为装饰主题，给人以一种美的享受。由此可见，巧妙运用小品的装饰性能够提高园林建筑的鉴赏价值，满足人们的观赏需求。

3．渲染气氛

园林建筑小品除具有组景、观景作用外，常常把那些功能作用较明显的桌椅、地坪、踏步、桥岸以及灯具和牌匾等予以艺术化、景致化，以便渲染周围的气氛，增强空间感染力。主要体现在以下几个方面。

（1）休息坐凳的艺术化处理。休息坐凳，虽然可采用成品，但为了取得某些艺术趣味，不妨做成富有一定艺术情趣的形式，如果处理得当，会给人留下深刻的印象。如桂林芦笛岩水榭的小鸭座椅，与环境巧妙结合，使人很自然地联想到野鸭嬉水的情景，起到了渲染气氛的作用。

（2）花木栽培的艺术化手段。庭院中的花木栽培为使其更加艺术化，有的可以在墙上嵌置花斗，有的可以构筑大型花盆并处理成盆景的造型，有的也可以选择成品花盆放在台架上，再施以形式上的加工。

（3）桌凳及其他设施的自然化打造。园林建筑中桌凳可以用天然树桩做素材；以水泥塑制的仿树桩桌凳也比用钢筋混凝土造的一般形式增添不少园林气氛。同样，仿树桩的桩岸、蹬道、桥板都会取得上述既自然又美观的造园效果。

（二）园林建筑小品的设计原则

1．巧于立意

园林建筑小品对人们的感染力，不仅在于形式的美，更在于有深刻的含义，要表达出一定的意境和情趣，才能成为耐人寻味的佳品。园林建筑小品作为局部主体景物有相对独立的意境，更应具有一定的思想内涵，才能富有感染力。因此，设计时应巧于构思。中国传统园林中常在庭院的白粉墙前置玲珑山石、几竿修竹，粉墙花影恰似一幅中国花鸟画的再现，很有感染力。

2．将人工融入自然

作为装饰小品，人工雕琢之处是难以避免的，因为其制作过程常是人工的工艺过程。而将人工与自然融为一体，则是设计者匠心之处。如常见在自然风景中的古木巨树之下，设以自然山石修筑成的山石桌椅，体现出自然之趣。近年来，在广州园林中，常见在老榕树之下塑以树根造型的圆凳，似在一片树木之下自然形成的断根树桩，远看可以达到以假乱真的程度，极其自然。

3．精在体宜

精在体宜是园林空间与景物之间最基本的体量构图原则。园林建筑小品作为园林的陪衬，一般在体量上力求精巧，不可喧宾夺主，不可失去分寸。在不同大小的园林空间之中，应有相应的体量要求与尺度要求，如园林灯具，在大型集散广场中，设巨型灯具，有明灯高照之效果；而在小庭院、小林荫曲径之旁，只宜小型园灯，不但体量要小，而且造型更应精致，诸如喷泉的大小、花台的体量等，均应根据其所处的空间大小，确定其相应的体量。

4．符合使用功能及技术要求

园林建筑小品绝大多数均有实用意义，因此，除艺术造型美观上的要求外，还应符合实用功能及技术的要求。如园林中的栏杆具有各种不同的使用目的，因此，对各种栏杆的高度，就有不同的要求；又如园林坐凳，要符合游人就座休息的尺度要求；再如，作为园林界限，园墙就应从维护角度来确定其高度及其他技术上的要求。

当然，园林建筑小品设计，要考虑的问题是多方面的，而且具有更大的灵活性。因此，不能局限于上述几条原则，而应举一反三，融会贯通。

第四章

园林规划与设计中的智能技术应用

第一节 GIS 在园林规划与设计中的应用

一、GIS 对园林规划与设计的影响

（一）参与决策性的 GIS 对园林规划的影响

参与性 GIS，是另外一个从传统 GIS 演化而来的，已经用于推进社会和环境的公平调控，通过传统 GIS 来搭建技术的桥梁。GIS 能够成为一个处理空间知识、社会和政治力量以及在地理和风景园林领域理想的介质。多媒体硬件和数据重建，使对于包括数码相片、声音文件、手绘图和三维表现的空间认知多样化。

（二）有形界面的 GIS 对园林规划的影响

马歇尔·麦克卢恩（Marshall McLuhan）提出“媒介就是信息”，其意思是设计师所选的介质会直接影响信息的外界认知。在风景园林规划领域，信息是指一个被完成的设计作品、总体规划和城市公园等。当地理信息系统参与到设计过程之中时，其影响贯穿设计的整个过程。在个人层面上，设计师对空间关系的理解受到计算机用户界面的强烈影响。设计者通过键盘和鼠标存取数据，或多或少影响了其对有形物体空间关系的认识。目前，研究者在使用有形界面的领域已经取得了突飞猛进的发展，而且融入了设计师的灵感和能力来控

制诸如建筑模块和泥塑模型，这样的努力使现在的设计师能够像他们以往使用传统方法对材质进行捏、折、拉，同时又能够使用完整的 GIS 的分析方法和过程。

（三）思维型的 GIS 对园林规划的影响

ESRI 公司引进的 ArcGIS 软件升级版，能够结合手绘风格的思维过程，附加 GIS 空间分析能力。ESRI 升级计算机环境使设计师迅速绘制新产品，并即刻分析它们的影响能力。当外加一个数码手写板，GIS 的功能就像是在一个绘图板上嵌入环境数据。风景园林师可以绘制很多可供选择的场地规划方案，然后测试每一个覆盖范围，观察水流影响、循环障碍等。这样的方法，使复杂的空间数据被嵌入思维过程，从而在理论上作出一个更具说服力的设计。

二、GIS 在园林规划设计中的具体应用

（一）GIS 在中国风景园林规划设计中的应用

中国风景园林专业目前正处于快速整合、规范和发展阶段。GIS 是一项技术手段，研究它自身的快速发展以及在城市化的中国风景园林专业中的发展，对于了解这门技术的未来发展具有非常重要的指导意义。随着国家基础设施的不断完善以及计算机技术和网络设施的发展，GIS 技术将会被普遍用于风景园林学中。

（二）GIS 在地形地貌分析中的应用

1. 高程、坡度、坡向、阴影分析

山地、丘陵地区等地势起伏较大的场地的用地适宜性评价，常需要重点考虑坡度、坡向、日照阴影等因素，根据 DEM 地表面模型，可以进行高程、坡度、坡向、阴影等一般性的分析。坡度越小，用地适宜性就越好。坡向对降雨、光照以及土壤等都有影响，在北半球南向坡和良好的日照对植物配置、休闲游乐场所的选址、观景方向、建筑选址等都有重要意义。

常用方法是以带有高程属性的 CAD 点、线地形图为基础，在 ARCGIS 软件里通过 ARCTOOLBOX 工具，将 DWG 格式转换为 SHP 格式，然后通过 3D 分析工具创建 TIN，提取出点、线空间属性数据，再通过 TIN 转栅格工具，将 TIN 转换成栅格格式，最后利用栅格表面工具生成高程、坡度、坡向、阴影等

分析图。

对现状地形的分析研究能有效地指导规划设计的进行，增加规划设计的合理性和科学性，同时基础数据的叠加也丰富了分析图的表达效果，更直观、方便地将设计意图展现在设计师和甲方面前。对高程、坡度、坡向的分析不足之处在于对现状建筑物、构筑物以及植被的信息采集不充分或者受季相影响变化较大，导致分析较粗糙，分析结果偏差较大，行业从业者应尽可能充分地采集相关数据进行分析，使分析结果趋向于更合理的方向。

2. 三维景观建构

三维 GIS 主要用于模拟地形、建筑、园林景观等，近几年的研究成果主要表现在三维模型（3Dmodel）的创建上。三维模型的构建需要根据带高程属性的点、线、面来实现，再导入道路、建筑、水体等元素，建立二维半立体模型。可将其他软件如 SketchUp、Rhino、3dsMax 等建立的复杂 3D 模型导入场景中，并添加树木、建筑等创建真三维模型。还可以制作三维路径动画，全方位地鸟瞰地形地貌。将 ArcGlobe10.0 与 3dsMax 相结合，利用航拍图像、CAD 地形图，采集建筑物属性，建立城市三维模型，实现创建、管理三维数据。

三维景观的新趋势在于 Esri CityEngine，它是由瑞士苏黎世理工学院的帕斯卡尔·米勒（Pascal Mueller）设计研发的。它可以利用已有的 GIS 基础数据，不需要转换即可迅速实现三维建模功能，还可提供可视化的、交互的对象属性参数修改面板进行规 则参数值的调整，如贴图风格、房屋高度等，并且可以实现调整后效果的即时可视性。

具体操作方法是：在 CityEngine 中用包含尺寸和类型信息的多边形表示建筑底面，再用建筑高度属性将多边形拉伸，形成三维街区。如果含有窗户、阳台、层高等属性，可以使用模型规则重新构建建筑以满足要求。充分利用现场采集到的以及在各个部门收集到的属性数据，如建筑轮廓、建筑立面形式、窗口类型及位置、屋顶的形式、层数及层高、运用的材料等信息创建高质量的 3D 模型。由 GIS 数据驱动生成的并且通过工作流的形式构建的 3D 建筑物集成对象，能够提供的信息越多，计算机软件创建的 3D 模型就越复杂、越逼真。

此外，CityEngine 建模时，还可以纳入地形地貌等因素，使建筑物、道路等模型融入地形变化中，增加模型的真实性。同时 Esri CityEngine 支持多数 3D 格式，如 3dsMax、DXF 等，从而实现与其他 3D 软件的互通，增强展示效果，提高工作效率。ESRI 中国官网展示了南京市浦口区总体规划设计的三维城市景观及道路交通三维建模效果，很好地反映了 GIS 三维景观的发展趋向。

CityEngine 最新锐之处在于它可以基于规则进行批量建模，将 CGA 规则文件直接拖到需要建模的地块，软件可以根据规则将所有的宗地建筑物模型批量建好。在重庆某区域的三维城市模型建设过程中，设计者通过编写建筑物模型、道路模型等规则文件，在 Esri CityEngine 中实现了大场景的三维城市批量建模工作，使建设周期比传统手工建模缩短了约 30%，建模成果满足了项目设计的要求。因此，CityEngine 是迈向精准数字规划设计的重要开发成果。虽然对大场景及建筑、道路的表达较逼真，但还是存在一些不足，如对植物等有生命的信息元素的表达效果较粗糙，在小尺度的景观设计中表达效果不佳等。

3．水文分析

目前，DEM 数字高程数据是进行水文分析的主要数据来源。利用 GIS 的栅格计算能力，通过寻找中心栅格与邻域栅格的最大落差及方位可以确定流水方向，还可以进一步分析场地的流水线路、汇水区域和径流量等。据此可以得到以流域作为排水的雨水收集排放的水文图像。南京大学徐建刚教授等引入 GIS 流域分析法，提取了福建省上杭县客家新城的水流方向、水流长度、汇流累积量、河流网络及分级、流域划分等空间信息，进行未来城市的水系网络布局规划与设计。水文分析需要结合更大区域的水文情况进行分析，而目前从业者的运用现状主要局限于目标场地的分析评价，使水文分析的结果不尽如人意，这是其不足之处。

三、GIS 在园林规划与设计中的应用前景

（一）GIS 促进公众参与园林规划

GIS 在园林规划中公众参与方面具有巨大的优势，它可以让人们使用基于位置的社交媒介来记录评价他们喜欢在公共空间做的事，使用手机还可以追踪记录下在城市中散步和骑自行车的旅程路线。得到这些信息后，风景园林师在设计过程中将采纳这些基于使用者的信息，保证设计作品的各种设施和设计路线符合使用者，而非设计师凭空给出场地的“理念”。在这种方法指导下的园林设计将会迎来更多使用者，前景不可限量。

（二）GIS 协助完善图纸表达

基于 GIS 的园林设计项目具有无与伦比的图纸表达潜力。它能够在短时间内表达类似于 Google Earth 和 Google 街景的 GIS 产品，这是其他绘图软件

所不能达到的。绘图表达是风景园林师必备的一项专业本领，传统的手绘和AutoCAD 软件都没有处理数据和信息形成图纸的能力。GIS 软件的制图使整个设计过程变得更具说服力。

（三）GIS 与环境敏感设计

传统的风景园林、建筑和规划只是在白纸和电脑屏幕上进行设计。基于GIS 的风景园林设计则应对所有复杂的环境，因为在数据库中有基址的资料，这将有助于环境敏感设计。环境理论是一个探讨新的环境设计和规划发展如何与它所处的环境相联系的理论。规划设计的结论是在对土地规划、区域规划和环境评价的基础之上，这一系列的现有环境特点关系最终规划决定的产生。GIS 可以协助检验影响项目发展的自然、社会和美学方面的环境背景，它能够提供协调环境评价和土地规划使用系统数据。当一个城市没有根据其环境理论而进行环境敏感的规划设计时，城市将失去其场所精神，以及应有的文化和艺术内涵。如果 GIS 在未来可以将城市的环境背景以数据的形式存储，以绘图的形式表达，将有助于风景园林设计师实现环境敏感设计，做出符合场所精神的作品。

（四）GIS 与可持续风景园林设计

GIS 可以实现园林设计中可持续特征的计算，能够算出一个设计项目中可持续城市排水系统的特征与场地现有排水系统的相互作用。可持续城市排水系统将通过 GIS 来定位，在风景园林师进行设计时，可以通过 GIS 处理数据，确定排水系统的位置，以设计出切实可用的排水系统。

第二节　VR 技术在园林规划与设计中的应用

一、VR 技术的应用基础

（一）VR 技术在风景园林规划与设计中的意义

虚拟现实技术（Virtual Reality，VR）对风景园林的规划与设计具有重要的影响，这主要是基于虚拟现实技术的特色实现的。VR 的主要特色有以下几点。

（1）多样运动模拟与真实视角。VR 技术可以在运动中感受园林空间，进行多种运动方式模拟，在特定角度观察园林作品，特别是根据人的头部运动特征和人眼的成像特征可进行步行、车行等逼真漫游方式，以“真人”视角漫游其中，随意观察任意人眼能够观察到的角落。这种表现方式比三维漫游动画表现更加自由、真实。

（2）感受园林意境与优化路径。通过“真人”视角漫游，可使沉浸其中的“游人”更好地感受园林空间的起承转合和园林的意境氛围，这对于 VR 技术在风景园林规划与设计中的表现具有很大的意义。可结合园林基址、街景要素、人在园路上的动态特性和虚拟现实本身所具有的最优漫游路径的实现方法，创作出较合适的园林路径，可使在虚拟风景园林基址环境、半建成环境和建成环境中漫游成为可能。在这样的漫游过程中，沿着路径前行，得到“亲临现场”的效果，在“现场”中，直接应用安全性原则、交往便利性原则、快捷和舒适性原则、层次性原则、生态性原则、美学原则等诸多园林设计理念进行推敲、漫游、辅助设计的修改，从而实现对规划与设计的优化。

（3）与地理信息系统结合。VR 技术可以和地理信息系统相结合，对地理信息系统辅助风景园林规划进行进一步改进。同时，通过地理信息系统的地图可以清晰地掌握“游人”在园林中的具体位置。

（4）突破时空限制的网络应用。VR 技术可以应用于网络，跨越时间和空间的障碍，在互联网上实现风景园林规划与设计的公众参与和联合作图。

（5）多元领域应用拓展。VR 技术还可以用于风景园林规划与设计专业的教学、公共绿地的防灾、风景园林时效性的动态演示和风景园林的综合信息集成等。

（二）VRML 相关术语

1．节点

节点是 VRML（虚拟现实建模语言）文件最基本的组成要素，是 VRML 文件基本组成部分。节点是对客观世界中各个事物、对象、概念的抽象描述。VRML 文件就是由许多节点并列或层层嵌套构成的。

2．事件

每一个节点都有两种事件，即一个“入事件”和一个“出事件”。在多数情况下，事件只是一个要改变阈值的请求：“入事件”请求改变自己某个域的值，而“出事件”则是请求别的节点改变它的某个阈值。

3．原型

原型是用户建立的一种新的节点类型，而不是一种“节点”。进行原型定义就相当于扩充了 VRML 的标准节点类型集。节点的原型是节点对其中的域、入事件和出事件的声明，可以通过原型扩充 VRML 节点类型集。原型的定义可以包含在使用该原型的文件中，也可以在外部定义；原型可以根据其他的 VRML 节点来定义，或者利用特定浏览器的扩展机制来定义。

4．物体造型

物体造型就是场景图，由描述对象及其属性的节点组成。在场景图中，一类是由节点构成的层次体系组成；另一类则由节点事件和路由构成。

5．脚本

脚本实际上就是程序，一般都是由应用程序提供的编程语言。在 VRML 中，可以用 Script 节点利用 Java 或 JavaScript 语言编写的脚本来扩充 VRML 的功能。脚本通常作为一个事件级联的一部分来执行，脚本可以接受事件，处理事件中的信息，还可以产生基于处理结果的输出事件。

6．路由

路由是产生事件和接受事件的节点之间的链接通道。路由不是节点，路由说明是为了确定被指定的域的事件之间的路径而人为设定的框架。路由说明可以在 VRML 文件的顶部，也可以在文件节点的某一个域中。在 VRML 文件中，路由说明与路径无关，既可以在源节点之前，也可以在目标节点之后，在一个节点中进行说明，与该节点没有任何联系。路由的作用是将各个不同的节点联系在一起，使虚拟空间具有更好的交互性、立体感、动感性和灵活性。

（三）VR 技术表现手法和传统表现手法的区别

1．VR 技术与 CAD 的区别

和 CAD 相比，VR 技术在视觉建模中还包括运动建模、物理建模以及 CAD 不可替代的听觉建模。因此，VR 技术比 CAD 建模更加真实，沉浸性更强；而 CAD 系统很难具备沉浸性，人们只能从外部去观察建模结果。基于现场的虚拟现实建模有广泛的应用前景，尤其适用于那些难以用 CAD 方法建立真实感模型的自然环境。

2．VR 技术与传统模型的区别

观看传统模型就像在飞机上看地面的园林一样，无法给人正常视角的感受。由于传统方案工作模型经过大比例缩小，因此只能获得鸟瞰形象，无法以正常人的视角来感受园林空间，无法获得在未来园林中人的真实感受。同时，比较细致真实的模型做完后，一般只剩下展示功能，利用它来推敲、修改方案往往是不现实的。因此，设计师必须靠自己的空间想象力和设计原则进行工作，这是采用工作模型方法的局限性。VR 以全比例模型为描绘对象，在 VR 系统中，观察者获得的是与正常物理世界相同的感受。与传统模型相比，虚拟园林具有更加真实的表现，具备无与伦比的沉浸性，主要体现在以下几个方面。

（1）运动属性。运动属性具有两层含义。其一，可以用正常人的视角，包括老年人、儿童和残疾人的视角来进行运动和步行、车行等各种方式来进行运动，可以更好地对方案进行比较和推敲。其二，虚拟环境中的物体分为静态和动态两类。在园林内部，地面、墙壁、天花板等是静态物体；门、窗、家具等为动态物体。动态物体具有与真实世界相同的运动属性。门窗可开关，家具的位置可以根据用户需要而改变，再现了物理世界的真实感。

（2）声学属性。在虚拟现实场景中，物体具有真实的声学属性，不同的事件具有相应的伴音，如水声、风声等，为用户在虚拟现实场景中的浸入增强真实性。

（3）光学属性。虚拟现实系统通过全局照明模型来反映复杂内部结构。在虚拟现实中园林的光学表现不是单调不变的，它与所选时段的太阳位置、园林物的朝向、玻璃幕墙的状况、内部光源的位置设置、运动状态等各种复杂因素密切相关。

3. VR 技术与 3D 动画的区别

3D 动画与虚拟现实在表面上都具有动态的表现效果，但究其根本，两者仍然存在本质区别：①虚拟现实技术支持实时渲染，从而具备交互性，3D 动画是已经渲染好的作品，不支持实时渲染，不能在漫游路线中实时变换观察角度；②在虚拟现实场景中，观察者可以实时感受到场景的变化，并可修改场景，从而更加有益于方案的创作和优化，而动画改动时需要重新生成，耗时、耗力，成本高。

二、VR 技术对园林规划与设计的影响

虚拟现实技术使根据人的视高、人的头部运动特征、人眼的视野特征和运动中人眼的成像特点模拟真实的人在虚拟风景园林基址环境、半建成环境和建成环境中漫游成为可能。在这样的漫游过程中，沿着路径前行，得到近似于

“亲临现场”的效果，在“现场”中，直接应用安全性原则、交往便利性原则、快捷和舒适性原则、层次性原则、生态性原则、美学原则等诸多园林设计理念进行推敲和漫游，效果比二维想象好许多。

在一次次“漫游”的过程中，更换自己的“替身”，或为“八十老妪”，或为“垂髫稚子”，应用他们的视高、视野和人眼视野成像情况，进行实时的修改、替换，可以做到更好地“以人为本”。

虚拟现实技术应用于风景园林规划与设计创作中，使地理信息系统和国际互联网相结合，可以用于风景园林的规划和实现风景园林规划与设计的公众参与。

三、VR 技术在园林规划设计中的具体应用

（一）VR 技术在园林规划设计阶段中的应用

VR 技术能够从“真人”漫游的视角沉浸到基址和临时建设好的风景园林场景中，能够对自然要素如地形、光和风进行充分模拟以及和 GIS 完美结合，是虚拟现实技术辅助风景园林规划与设计的优势，这些优势是单纯的“二维”创作规划与设计很难做到的。VR 技术在园林规划设计阶段中的应用如下。

（1）根据设计任务书、地形图和比较明确的限定条件，利用已有的电子地图与虚拟城市地块模拟系统，建立虚拟基地环境。

（2）使用 VRGIS 对基地的自然条件进行模拟，分析基地范围内的道路、树木、河流等的情况，对基地坡度和地形走势进行多角度、多方位的观察研究，以便清楚知道基地可以作为不同用途的限制条件。

（3）通过环境中的日照和风向的虚拟研究，为绿地空间营造分区提供依据。

（二）VR 技术在风景园林规划与设计公众参与中的应用

1. 公众参与的应用范围

园林设计讲求“以人为本”的设计理念，所以设计一定要有公众的参与，才会更完善、合理、科学、客观。实践证明，再好的设计师如果仅凭自己的力量是很难设计出好的作品的，推行“公众参与性设计”的主要目的就是赋予同建设项目相关人员以更多的参与权和决策权，即让这些人参与到建设的全过程中来，并在其中起到一定作用。这样既能避免设计师陷入形式的自我

陶醉之中，还能促进公众的参与意识和对城市景观的建设与维护，增加“公众”与“设计者”之间的沟通、合作，进而推动风景园林事业的蓬勃发展。面对我国公众参与风景园林规划与设计的现状，在风景园林规划与设计过程中，VR 技术可以逐步应用于公众参与中。根据我国风景园林规划与设计体系的特点，目前，VR 技术可以应用于以下确定发展目标阶段和设计方案优选阶段。

2．广泛征求公众意向

在风景园林规划与设计工作程序中，有一个风景园林价值评估和风景园林发展目标确定的阶段。在这个阶段中，市民是最主要的参与者，市民的意向也是决策的主要依据。因此，风景园林规划与设计师们设计了多种公众参与的方法来促进这一阶段市民的民主参与。目前，公众参与技术的应用研究也主要在这个阶段开展。在我国，问卷调查、座谈会等参与形式大致属于这一阶段，但这些方法层次较低，效果也不明显。VR 技术的引入大大改善了这一状况。因为要让公众对风景园林的价值和发展目标提出有价值的意见，首先要让他们对风景园林的现状有足够的了解。而以 VRML 为核心的 VR 技术就是一种很好的工具，即让公众有兴趣也有机会接触复杂巨量的风景园林空间信息，并通过对信息的分析，深入地理解风景园林各个方面的状况。公众据此提出自己有价值的意见，这种意见对于民主的决策是最有意义的。

3．公示制度的实施

设计公示是我国公众参与的一个重要组成部分。向公众主要展示的是最终设计成果，这种参与的层次是较低的。而在设计方案优选阶段应更多地采用设计公示制度，让公众辅助决策设计方案。选择更有效的交流方式与工具，将自己的设计方案展示给公众，成为风景园林规划与设计师努力的方向。传统的设计图纸和文字说明专业性仍然较强，而虚拟现实方法作为一种可视化方法能够促进设计的“非神秘化”。

4．公众参与网页发布

网页通过服务器主机提供浏览服务，目前，服务器主机有“主机”和“虚拟主机”两种方式，可通过 FTP 将“公众参与网页”上传到从虚拟主机服务商手中申请的“虚拟主机”上。

利用 VR 技术中的 VRML 语言将风景园林空间引入互联网，通过和谐的人机交互环境，使最大范围的公众在开放环境中进行交互性和沉浸性体验并评价方案。实现公众参与修改意见的提出，使之能够较为迅速地理解设计师的意图，并通过个体经验差异，对同一方案进行不同目的、不同重点的查看，最终将信息反馈给设计师，从而使其作品最大限度地满足公众的要求。在虚拟现实世界，广泛征询公众的反映，就可以改进设计，使之功能更加切合用户的需求。

（三）VR技术在园林规划与设计教学中的应用

1．在园林设计课程教学中的应用

教学中，根据人的头部运动特征和人眼的成像特征，模拟进入风景园林基址，“带领”学生进行“现场分析”，再应用园林设计的理念进行设计，同时增强对平面图的认识。总之，园林设计教学应向立体化、数字化、精确化方向改进。

2．在园林建筑课程教学中的应用

和园林设计相同，进入设计场所，根据任务书完成各个功能空间的设计，同时切实感受空间的内容。从建筑空间类型讲，静态空间与动态空间是指空间的形状有无流动的倾向，用视觉心理学解释就是空间力的图。园林中呈水平空间的平台、开阔的草坪、水面都属静态空间特征。长廊、夹道、爬山廊、曲径都具动态空间的特征。可以通过虚拟现实场景对不同的空间进行对比，理解空间给人的感受。

同时，可以根据虚拟现实技术的触发功能，观看建设园林建筑的全过程，另外，可以进行物理学建模，通过钢筋混凝土受力形变仿真，使学生对钢筋混凝土结构有更深的了解。

3．在园林工程课程教学中的应用

（1）竖向设计。利用虚拟现实场景进行地形的分析与设计的教学，更具有直观性，如方案中地形的变化，可通过模型对比直观地表现地形的变化。还可通过相应软件的辅助使用，如GIS演示，在地形挖方或填方前后的变化，包括挖方或填方的位置、计算出挖填方体积的平衡情况等，用于平方平衡设计和土方平衡教学。

（2）喷泉设计。运用三维喷泉模型可以模拟喷泉的不同水姿的组合及其效果，同时配合灯光可以达到夜景效果，从而更有效地表达设计意图。同时，对三维的管线布局的漫游，也更直观明了地展示典型喷泉管线的基本构成，方便教学讲解。

4．在景观生态学课程教学中的应用

虚拟现实技术可以直观、方便、准确地模拟生态环境的发展趋势，可以模拟若干年后植物群落的生长状况，从而使学生对景观生态学的理论有更深层次的理解。

第三节 计算机辅助园林规划与设计

一、计算机辅助设计策略

（一）模型构建与风景园林规划设计

基于 AutoCAD 的平面制图、SketchUP 的三维推敲，3dsMax 及建筑可视化软件 Lumion 的后期表现构成了被误读的风景园林“计算机辅助设计体系”，更应该称为计算机辅助制图。目前国内大部分高校本科阶段所开设的课程实际上就是这些内容，但混淆了计算机辅助设计与辅助制图的概念关系，计算机辅助制图仅是计算机辅助设计的部分内容。由于计算机技术的发展，模型构建的方式早已发生了根本性的改变，弗兰克·盖里（Frank Owen Gehry）、扎哈·哈迪德（Zaha Hadid）等建筑师，以及 SOM、ARUP 等设计公司，已经利用数字技术完成了大量建筑和城市设计作品，用于完成这些作品的软件平台包括建筑信息模型 BIM 的 Revit，尺寸参数驱动的 Digital Project 和 Rhinoceros+Grasshopper+Python 的参数化设计平台。

设计软件的革命性正在影响着规划设计的方式，也在改变着设计师对计算机辅助设计的认识，软件程序正在将更多的主权转移到设计师的手中，或者说 SketchUP 只关心纯粹模型构建的技术，尽量少的操作方式使设计师能够尽快掌握软件的操作，而不得不在方案设计模型推敲构建时耗费更多的精力和时间。Rhinoceros+Grasshopper+Python 的参数化设计平台使用节点式的操作方式，结合 Python 的程序脚本语言使设计师有能力改善软件的环境。可以以可视化的编程方式和脚本语言方式发展设计构建模型，触及更多的设计形态和模拟分析的领域，这是两种不同的计算机辅助设计的思路。

目前，在浮躁喧嚣的设计环境下，SketchUP 自然成为设计师的首选，而过度强调参数化的运算生成设计、分形学、多代理模型理论、自组织网络系统的概念方法，将本来务实的参数化设计上升为近乎故弄玄虚、高不可攀的境地，那些刻意为之、故意雕琢、概念牵强，为了凑参数化方法的建筑堆砌，让本来朴实的计算机辅助设计工具演变得相当浮躁和浮夸，给初识参数化设计的设计师造成误解。使用参数协助设计，构建模型的核心是理解数据信息化，模型构建的实质就是对数据的处理，这一个方面与 GIS 是相通的。

模型构建的参数化方法与传统的设计模式是不可割裂的，但是相比之下又有差异，其在设计的本质上就发生了改变，因此进入参数化设计领域需要面对两方面的问题。

（1）使用参数化方法从事设计工作必须掌握参数化基本技术层面的操作。

（2）设计本身思维方式的转变，由传统直观的模型推敲方式转变为使用参数化从数据管理角度协助设计的方法。模型构建方式的转变已经不是纯粹几何形体构建方式的改变，这个过程影响了设计思维的方法。

因此，在某种程度上，参数化设计事实上已经不是一门技术的问题，更应该看作一门学科。

（二）生态辅助设计技术与风景园林规划设计

环境生态问题是风景园林规划设计一直强调的问题。生态设计就是将环境因素纳入设计之中，从而帮助确定设计的决策方向，在设计的各个阶段，减少“产品”生命周期对环境的影响。在生态可持续发展的理念下，当今世界范围内的设计类院校，有很多已经开设了生态可持续发展的专业。

目前，计算机生态辅助设计技术已经可以囊括影响设计的几个主要方面的因素：热环境、风环境、水环境以及日照和光环境。这个构架形成了对于场地前期分析、过程分析和设计后比较分析的主要生态分析内容，以用于指导设计，使其向更合理的方向发展。同时，较之传统设计，设计师本身就可以完成以前必须依靠专业人员才能够进行的各项生态分析内容，从而能够更直接、更有效地协同设计。在计算机生态辅助设计技术日渐成熟的条件下，可以将热、风、水及日照和光环境的分析整合起来，形成跟进设计过程的生态环境分析技术报告，有效地根据设计环境的气候特点、现状条件特征达到可持续性设计的目的。

二、计算机辅助设计途径

（一）概念设计与虚拟构建的技术支撑方式

1. 逻辑构建过程

设计的过程与技术构建的过程并不是分开的。“头脑中的概念想法才是设计”，这是一种错误的认知，事实上真正设计的开始是设计整个推导的过程，直至施工建造，而想法只是设计的源头。大部分设计师在开始设计的时候是一种直接的关照，可谓“观物取象”，犹如学画。

一般逻辑构建更多强调的是几何构建逻辑，即形式间的推演关系，但是并不仅如此，任何基于分析设计过程的思考逻辑只要能通过语言编程方式表达的都可以归为逻辑构建过程。逻辑构建本身就是设计创作活动，在没有计算机之前，只是使用纸笔来完成整个过程，现在计算机赋予了前所未有的自由去探索，其结果是令人迷惑并改变思维的，且万物皆可。计算机将这个过程变得更加强大，可以拓展到更多的形式领域的逻辑过程构建，实时反馈逻辑构建过程每一步所产生的形式结果。并且在计算机强大计算能力的帮助下，将更多的数学知识与逻辑纳入了设计创作的过程中。由于随机数算法的实现，可以由此来设计更多变化不定的形式，由于布尔值的存在，可以判断某一项分析的结果，并排除不符合要求的项。这个逻辑构建不仅是设计形式本身，更扩大到了分析几何领域。

2．逻辑构建过程的根本——数据

编写的过程就是逻辑构建的过程。逻辑构建的根本是数据处理，如果说程序语言实现的逻辑构建过程本身就是一种设计方法，那么对于数据的关注就是实现这种设计方法的核心。数据的概念是在逻辑构建的过程中体现出来的，所实现的设计结果体现了这种逻辑构建关系和所包含的数据处理过程。不能够仅将这个设计结果视为单纯的形式表达，以及某种功能与生态的体现，透过表面所看到的应该是实现这种结果已经蕴含的逻辑关系和数据处理，这仍然是将设计作为过程的设计方法的体现。所有节点随机选择九个点中的一个，节点式程序方法就能够清晰地看到前后数据的变化，这个过程可以使用节点可视化编程语言，也可以使用纯粹编程语言。不管是使用节点式的编程处理方式，还是纯粹的语言编程，这个过程都已包括两方面主要的表达：一个是数据处理操作，另一个是语言逻辑与设计逻辑的辩证关系。但是它们的最终目的仍然是形式，只是在对形式（包括设计几何形式和分析几何形式）的关注上，已经不再是纯粹形式本身，而是以一种数据操作的方法，逻辑关系构建的模式去推导形式关系。这个对形式根本控制的方法就已经拓展了设计无限的可能性，或者说数据才是逻辑构建的根本。

对数据的操控实现了设计过程对技术本身的操控。设计师是处理设计，风景园林师就是做园林设计，提供给设计师使用计算机辅助设计平台的开发是程序员工程师的事，因此，两者之间除了提供与使用的关系，就剩下想当然的鸿沟。甚至在设计企业招聘时也出现了招聘参数化设计师的职位，工作的性质不再是设计而是为设计服务的程序编写，将传统方式设计与智能化设计方式完全割裂地看待，并将逻辑构建过程视为“设计”的附属这是对设计技术最大的误读。科技改变设计并能够实现设计方法的进步是要求设计师本身具备程序编写的能力。因此，设计师除了能够解决一般设计问题，需要能够根据设计的目的编写实现设计目的的程序。

（二）从虚拟构建到实际建造

1. 逻辑构建的可控因素

参数化是可以自由调控形式的有机整体，而影响形式的因素则由逻辑构建过程来控制。这个调控的过程仅是对参数的调整，并实时地反馈所有形态的变化——长度的变化、分割数量的变化所带来的相应形式的变化，以利于形式的推敲。这个变化是比“直接地观照”更加智能化的一种方式，因为逻辑构建有机一体化的方式，让在同一逻辑控制下的形势变化更加直接。当然也可以将这个变化视为推敲过程更加便捷的方式，也可以视为某一种逻辑形式的程序开发。但是更重要的是这个过程就是设计方法本身，因为参数控制的方法直接影响着形式的变化。不能简单地将参数的调控等同于模型的推拉，在最初一般的设计中并没有分离开各个单元之间的空隙，在设计调控的过程中将代表各个单元块的数据分离并移动。这是一种便捷的形式调控的方法，能够提供参数来控制这个逻辑构建关系，从而获得更大的自由度。

2. 数据控制下的建造技术

三维数控技术是实现复杂形体建造的最佳途径，基于智能化的设计策略方法，虽然完全可以更加方便地构建传统的设计形式，但是探索欲望更是无意识地将设计做得很“复杂”，这种“复杂”是相对于传统施工工艺来说的。智能化的设计方式与施工工艺的智能机械化必然是未来发展的趋势，两者之间的配合会更加默契。但是在设计智能化超越施工工艺时，这种设计就会变得很“复杂”，尤其在目前的二线城市，如果实现某一个特别的创意，需要找到不一样的处理方法。最初构思的材料选择为合成木材，但是整体加工的方式加大了成片的费用，选择模具浇筑混凝土的方式也许是不错的选择。这就需要对每一个单元建造模具，目前最容易的加工方式是二维的，即裁切平面化的金属或者木材搭建模具。把每一个单元异型体展平在二维的平面上，一般处理的方法是拆解每一个平面手工移动摊平，这样一个纯粹人工处理的过程，既花费时间又乏味，如果处理更加复杂的形体，甚至难以实现。

最初使用程序编写的结果，虽然将所有的平面更加方便地展平，并增加了自动标注索引和尺寸的功能，但是单元的各个平面并没有互相契合。如果能够获得类似折纸、包装盒一样展平的结果，必然会为加工带来更大的方便。对于这个程序的节点式的编写方式在目前还是不容易实现，因此借助 Python 这种纯粹语言的方式编写。

这个过程是一个半自动化的过程，需要指定展平的顺序，程序的关键是定义了一个核心的函数 Flatten，并使用循环语句分别作为待展平平面，在二维平面上对位上一个平面。从设计到具体的建造模拟，自始至终都是以逻辑构建的过程作为设计的方法，并以数据处理为根本得以实现。

3．建造技术的优化

逻辑构建过程的根本是数据，因此看起来任何设计过程中遇到的问题都可以在对数据基本处理的模式下得以很好地解决。获得一个计算程序在数据处理、逻辑构建的设计方法上，会轻而易举得以解决。找到外接平面的矩形，对展平的单元平面旋转会获得外接矩形不同的变化，计算外接矩形的面积，使用进化计算的方法找到面积为最小时的外接矩形，从而将问题解决。

在各类项目实际的建造过程中，必然会遇到这样那样的问题，标注索引、计算单元体的体积等，一般都能以数据处理的方法得以很好地解决。这种实现的方法仍然是不能简单等同于传统静态的计算方法，虽然能够达到同样的结果，但是设计方法的选择、设计过程中逻辑构建过程的实现，从根本上改变了传统做设计的观念，因此基于编程的智能化逻辑构建过程作为设计技术的解决途径，已经不仅是技术本身的革命，实际上更是提出了一种新的、让设计者具有创造性的设计方法，这种设计方法能够给予设计者更大的发挥空间和解决问题的能力。

第五章

城市规划简述

第一节　城市规划基本理论

一、城市规划的目标与理念

规划目标并不仅仅取决于空间规划的领域范围，而且在重要规划（国土级别的规划和广义规划等）层面，从制定城市政策的立场出发，去推定未来城市的规模和形态（人口和产业等），这一切需要立足于城市的实际情况和良好的城市规划理念。规划目标设定后，要制定目标实现的方法，从可能的几个方法（预案）中，经过基于一定价值标准的评估，制定实现目标的规划。

在城市规划中，针对不同的领域和范围设定了较多的具体目标，针对其细节，基于技术立场制定单项规划，并努力实现整体的目标。为了统筹各方意见，基于客观立场搭建有效的多元参与机制是十分有效的。在规划之前，需要确立的规划理念就是对不同领域规划的统筹及标准的制定。

在有些城市规划中，规划理念不应只是被抽象化，一定要基于成熟的思想体系，但如果城市规划涉及众多主体，实现需要长期时间，就会偏离初衷，成为达成其他目的的手段。所以在城市基本规划中，最好明确基本理念，并且这种理念并不只是抽象的规划哲学，还包括具体的创意和空间概念，明确表现规划概念也十分重要。

城市规划的理念因城市规模和发展阶段、规划的紧急性和直面问题等因素而存在差异，根据城市规划的历史背景和城市状况，各项规划应设定一些具有普适性的内容框架。

（1）生活的丰富性。为城市的生产生活提供良好的物质环境是城市规划所追求的最低限度条件，在近代城市规划发展过程中秉承社会改良思想的理想城市理念，均以确保卫生环境和居住、工作、休息等生活基本功能为理念，以生活环境的四项要素——安全性、健康性、便利性、舒适性作为城市规划的目标。如今，人们注重舒适性，因此，确保让市民深感丰富性的物质生活质量成为社会目标。从物质环境质量的侧面来看，城市规划在提高居住水平和增加区域福利等方面起到了巨大作用。

（2）功能性的城市活动。促进经济稳定发展，功能性构建高效城市。发展产业和经济、确保稳定的就业率和经济收入是城市政策和区域政策的主要课题。根据科学规划，建设城市完善的基础设施和实现合理的土地使用，平衡生活和生产之间的关系，使两者有机地融合协调，确保城市活动有效开展，也是未来城市规划所追求的内容。

（3）与自然共生。自然是人类存在发展的基础，城市的开发和发展伴随着将自然环境改造为人工环境的过程。在保证粮食生产之外，城市内外的自然还承担起保护城市环境和提供休闲空间等多种功能，是人们生活中不可或缺的元素。在城市规划理念方面，保持开发和环境保护的平衡，实现包围城市的农村和森林等自然环境与人工环境的和谐和共存，在城市内部确保更多的自然空间也十分重要。同时，力求周边区域和更大范畴的自然资源的整合，更具全球性的环境政策也是非常必要的。

（4）城市的自律性。为了降低不断变化的环境对城市的影响，保证市民生活的舒适性，自律性必不可少，因此，有必要确保城市可自给自足的功能。但是由于现代城市之间以及城市和乡村之间的无边界特征和城市生活对农业的依赖，城市完全自给自足无法实现。市民作为城市生活的主体，是决定城市环境的主要因素，因此市民的自律性十分重要，这与自治理念相关。

（5）多种价值。珍惜区域文化和历史，且包含多种价值的个性城市。与经历过长久时间沉淀的城市相比，人为规划形成的城市在历史文脉、人性和趣味性方面有所欠缺。城市更新也切断了此前构建起的深厚的人际关系和记忆的传承，平添了新的荒芜。虽然如今对地域特色和历史文脉的重视已经成为城市规划的理念，形成共识，但究竟如何将近代的城市空间和历史进行结合并创造出未来新的地域特色，正在借助一个个规划实践进行摸索。城市是持有不同价值观的众多主体共享一定空间并共存的场所，需要在相互尊重并构建共存关系的环境中创造出全新的城市个性。

（6）空间的创造。城市应拥有美丽街道和令人印象深刻的景观。在城市空间中构建具有美感的形态秩序是人类原本的欲求，纵观全球城市建设历史，对城市美感的追求是有计划构建城市的动机之一。如今，营造富有魅力的城市景观仍是城市规划的主要主题，而以实现这种理想为目标的城市设计起着极大的作用。

二、城市规划的作用与内容

（一）城市规划的作用

“规划”是为实现目标提出合理流程的工作。“城市规划”是构建城市，明确提出实现发展目标的方法流程。如果城市自然产生并形成，经常维持在和谐的理想状态，就没必要进行规划。此外，近代城市规划作为应对城市问题的手段，需要秉承科学的态度对城市进行调查，如果放任城市不管，必将引发各种问题。从实际来看，城市通过规划流程组合即可开展正常活动和发展。即使在建设新城时，城市的建设也不是一次性完成，而是有必要按部就班地开展工作，为了实现目标有必要进行规划。另外，现代城市规划是以建设城市居民认可的城市环境为前提的，因此城市规划工作有必要以明确的城市形态为目标，并将实现目标的流程计划公之于众。但是，随着城市不断发展和变化，城市居民的意识也在发生变化，因此规划也并非实现本阶段的规定目标就算结束了，新目标的产生和旧有目标灵活修正的规划流程在城市规划中起着重要作用。

城市规划被称为城市综合规划，是包括经济规划、社会规划、物质规划、行政财政规划在内的综合性概念，被定位为物质相关的规划。另外，在城市规划的推行过程中，城市基本规划是整体的依据和原则。基本规划普遍以 20 年作为长期目标实现期限，而且明确了 5 ～ 10 年的短期、中期阶段性规划完成年份。但是，城市规划不能全部实现基本规划中所示的规划目标，在制度上，实际应用的法定城市规划可以只是实现物质相关的综合规划（城市基本规划）某一部分的手段。城市基本规划和法定的城市规划是实现城市建设目标的原则和保障。

（二）城市规划的内容

城市规划具体主要有以下几方面的内容。

第一，收集和调查基础资料，研究满足城市规划工作的基本内容以及社会经济发展目标的条件和措施。

第二，研究确定城市发展战略，预测发展规模，拟定城市分期建设的技术经济指标。

第三，确定城市功能的空间布局，合理选择城市各项用地，并考虑城市空间的长远发展方向。

第四，提出市域城镇体系规划，确定区域性基础设施的规划原则。

第五，拟定新区开发和原有市区利用、改造的原则、步骤和方法。

第六，确定城市各项市政设施和工程措施的原则和技术方案。

第七，拟定城市建设艺术布局的原则和要求。

第八，根据城市基本建设的计划，安排城市各项重要的近期建设项目，为各单项工程设计提供依据。

第九，根据建设的需要和可能，提出实施规划的措施和步骤。

另外，由于每个城市的自然条件、现状条件、发展战略、规模和建设速度各不相同，规划工作的内容应随具体情况而变化。新建城市第一期的建设任务较重，同时当地的原有物质建设基础较差，因此，应在满足工业建设需要的同时要特别妥善解决城市基础设施和生活服务设施的建设。而对于现有城市，在规划时要充分利用城市原有基础，依托老区，发展新区，有计划地改造老区，使新、老城区协调发展。无论新区或老区都在不断地发生着变化，城市的发展目标和建设条件也不断地发展，所以城市规划的修订、调整是周期性的工作。性质不同的城市，其规划的内容都有各自的特点和重点。

总而言之，必须从实际出发，既要满足城市发展普遍规律的要求，又要针对城市不同的性质、特点和问题，确定规划的主要内容和处理方法。

三、城市规划的程序

城市规划是城市政府为达到城市发展目标而对城市建设进行的安排，尽管由于各国社会经济体制、城市发展水平、城市规划的实践和经验各不相同，城市规划的工作步骤、阶段划分与编制方法也不尽相同，但基本上都按照由抽象到具体、从发展战略到操作管理的层次决策原则进行。一般城市规划分为以下两个层面。

1. 城市发展战略层面

城市发展战略层面的规划主要是研究确定城市发展目标、原则、战略部署等重大问题，表达的是城市政府对城市空间发展战略方向的意志。当然在一个民主法治社会，战略必须建立在市民参与和法律法规的基础上。我国的城市总体规划以及土地利用总体规划都属于这一层面。

2．建设控制引导层面

建设控制引导层面的规划是对具体每一地块未来的开发利用作出法律规定，必须尊重并服从城市发展战略对其所在空间的安排。由于直接涉及土地的所有权和使用权，所以建设控制引导层面的规划必须通过立法机关以法律的形式确定下来，但这一层面的规划也可以依法对上一层面的规划进行调整。我国的详细规划属于这一层面的工作。

城市规划从收集编制所需要的相关基础资料，编制、确定具体的规划方案，到规划的实施以及实施过程中对规划内容的反馈，是一个完整的过程。从广义上来看，这个过程是一个不间断的循环往复的过程，但从城市规划所体现的具体内容和形式来看，城市规划工作又相对集中在规划方案的编制与确定阶段，呈现出较明显的阶段性特征。

（一）城市规划的调查研究

调查研究是城市规划的必要的前期工作，必须弄清楚城市发展的自然、社会、历史、文化的背景以及经济发展的状况和生态条件，找出城市建设发展中拟解决的主要问题。没有扎实的调查研究工作，缺乏大量的第一手资料，就不可能正确认识对象，也不可能制订合乎实际、具有科学性的规划方案。实际上，调查研究的过程也是城市规划方案的孕育过程，必将引起高度重视。

调查研究也是对城市从感性认识上升到理性认识的必要过程，调查研究所获得的基础资料是城市规划定性、定量分析的主要依据。城市的情况十分复杂，进行调查研究既要有实事求是和深入实际的精神，又要讲究合理的工作方法，具有针对性。

（二）城市规划纲要与城镇体系规划

1．城市总体规划纲要的主要任务和内容

城市总体规划纲要的主要任务是研究确定城市总体规划的重大原则，并作为编制城市总体规划的依据。城市总体规划纲要应当包括以下内容。

（1）论证城市国民经济和社会发展条件、原则，确定规划期内城市发展目标。

（2）论证城市在区域发展中的地位，原则确定市（县）域城镇体系的结构与布局。

（3）确定城市性质、规模、总体布局，选择城市发展用地，提出城市规划区范围的初步意见。

（4）研究分析确定城市能源、交通、供水等城市基础设施开发建设的重大原则问题，实施城市规划的重要措施。

2．城镇体系规划的原则和主要内容

城镇体系规划是对城镇发展战略的研究，是在现有经济社会发展的基础上，根据今后 10 ～ 20 年甚至更长时间的发展需要，对一个特定的地区范围合理地进行城镇布局，优化区域环境，协调配置区域内的交通、市政基础设施的关系，明确不同层次的城镇的地位、性质和作用，综合协调相互的关系，以实现区域经济、社会、空间的可持续发展。

（三）城市规划中的工程系统规划

在城市规划中要解决许多工程问题，如给排水工程、电力系统工程、电信系统工程、燃气供应工程、供热系统工程、城市防灾工程等，这些工程规划是城市规划的重要组成部分。要了解城市规划中的工程规划首先要了解城市规划中的基础设施规划。

城市基础设施是维持城市正常运转的最基础的硬件设施以及相应的最基本的服务，这些设施的建设与运营带有很强的公共性，通常由市政府或公益性团体直接承担或进行强有力的监管。城市基础设施规划是城市规划的重要组成部分。

城市规划中的工程规划是指针对城市工程性基础设施所进行的规划，是城市规划中专业规划的组成部分，或是单系统（如城市给水系统）的工程规划。这里主要介绍与制定城市规划时关系密切的工程规划，又称工程系统规划。

1．城市工程系统规划的主要任务

城市工程系统规划的主要任务从总体上来看，是根据城市社会经济发展目标，同时结合各个城市的具体情况，合理地确定规划期内各项工程的设施规模、容量，对各项设施进行科学合理的布局，并制定相应的建设策略和措施。专项工程规划的任务则是根据系统所要达到的目标，选择确定恰当的标准和设施。

城市规划中的工程规划包含的专业众多，涉及面广，专业性强，同时各专业之间需要协调与配合。从本质上看，城市规划中的工程规划基本上是一种修建性规划。

2．城市工程系统规划的层次分析

（1）城市工程系统规划可以作为城市规划的组成部分，形成不同空间层次与详细程度的规划，即城市总体规划中的工程系统规划、城市分区规划中的工程系统规划以及详细规划中的工程系统规划。

（2）针对组成工程系统整体的各个专项系统，单独编制该系统的工程规划，如城市供电系统规划。各专项规划中又包含不同层面和不同深度的规划内容。

此外，对这些专项规划进行综合与协调又形成了综合性的城市工程系统规划，这些不同层次、不同深度、不同类型、不同专业的城市工程系统规划构成了一个纵横交错的网络。通常，各专项规划由相应的政府部门组织编制，作为行业发展的依据。城市规划更多在吸取各专项规划内容的基础上，对各个系统之间进行协调，并将各种设施用地落实到城市空间中。

3．城市工程系统规划的一般规律

构成城市工程系统的各个专项系统繁多，内容复杂，各专项系统又具有各自性能、技术要求等。因此，各专项规划无论是其内容还是要解决的主要问题各不相同。但是，作为城市规划组成部分的各专项系统规划之间又存在某些共性和普遍性的规律。

各专项系统规划的层次划分与编制的顺序基本相同，并与相应的城市规划层次相对应。

各专项规划的工作程序基本相同，依次为：①对该系统所应满足的需求进行预测分析；②确定规划目标，并进行系统选型；③确定设施及管网的具体布局。

第二节　城市的总体布局与规划

一、城市总体布局

（一）城市总体布局的主要特征

第一，城市总体布局是城市的社会、经济、环境及工程技术与建筑空间组合的综合反映。城市总体布局是通过城市主要用地组成的不同形态表现出来的。城市的历史演变和现状存在的问题、自然和技术经济条件的分析、城市中各种生产和生活活动规律的研究（包括各项用地的功能组织）、市政工程设施的配置及城市艺术风貌的探求，都要涉及城市的总体布局，而对这些问题研究的结果，最后又都要体现在城市的总体布局中。

第二，城市总体布局是城市总体规划的主要内容，是一项为城市长远合理发展奠定基础的全局性工作。它是在城市发展纲要基本明确的条件下，在城市用地评价的基础上，对城市各组成部分进行统筹兼顾、合理安排，使其各得其所、有机联系。

第三，城市总体布局要力求科学、合理，要切实掌握城市建设发展过程中需要解决的实际问题，按照城市建设发展的客观规律，对城市发展作出足够的预见。它既要为城市远期发展作出全盘考虑，又要合理地安排近期各项建设。科学合理的城市总体布局将会促进城市建设的有序性和带来经营管理的经济性。

第四，城市总体布局是城市在一定的历史时期，社会、经济、环境综合发展而形成的。通过城市建设的实践，得到检验，发现问题，修改完善，充实提高。随着社会经济的发展、人们生活质量水平的提高及科学技术的进步，规划布局也是不断发展的。

第五，城市总体布局是城市总体规划的重要内容，它是一项为城市长远合理发展奠定基础的全局性工作。在城市性质和规模大致确定的情况下，先选定城市用地发展方向，即城市建成区今后拓展的主要方向，再进一步确定城市总体布局形态，对城市各组成部分进行统筹安排，使其空间结构合理、布局有序、联系密切。

（二）城市总体布局的主要内容

城市总体布局包含两层意思。

（1）从区域范围研究城市布局，即城镇体系布局。

（2）从一个城市内部研究各功能区的关系和空间布局。

城市总体布局就是综合考虑城市各组成要素，如工业用地、居住用地及对外交通运输用地等，并进行统筹安排。城市用地的组织结构是总体布局的“战略纲领”，它明确城市用地的发展方向和范围，确定城市用地的功能组织和用地的布局形式，同时探索城市建筑艺术。随着生产力的发展，科学技术不断进步，规划布局所表现的形式也在不断发展。

城市总体布局的核心是城市主要功能在空间形态演化中的有机构成。它研究城市各项用地之间的内在联系，综合考虑城市化的进程、城市及其相关的城市网络、城镇体系在不同时期和空间发展中的动态关系。根据制定的城市发展纲要，在分析城市用地和建设条件的基础上，将城市各组成部分按不同功能要求、不同发展序列有机地组合起来，使城市有一个科学、合理的总体布局。

作为城市总体规划的核心内容，城市总体布局的具体内容可以通过以下几个方面来体现。

（1）合理布置工业用地，形成城市工业区。

（2）根据城市居民的不同需求布置城市居住用地，形成居住区。

（3）配合城市各功能要素，组织城市绿化系统。

（4）按居民工作、居住、游憩等活动的特点，建立各级休憩与游乐场所，组织公共建筑，形成城市公共活动中心体系。

（5）按交通性质和车行速度，划分城市道路类别，形成城市道路交通体系。城市总体布局不是单一的城市用地的功能组织，而是整个城市空间的合理部署和有机组合。

因此，城市用地的选择，城市规模、形态、产业结构、功能布局等都是城市总体布局的基础和需要综合协调的内容。

（三）城市总体布局的功能组织

城市用地的功能组织是城市总体布局的核心问题。按照传统的概念，城市活动可概括为工作、居住、交通和休息四个方面，为了满足这四个方面活动的需要，就需要有不同功能的用地，这些用地之间有联系、有依赖，也互相干扰，因此要根据各类用地的功能要求以及相互之间的关系加以组织，形成一个协调的整体。

1. 城市用地功能组织的原则

（1）点面结合，城乡一体，协调发展。要将城市与其周围有影响的地区作为一个整体来考虑。如果把城市作为一个点，而以所在地区或更大的范围作为一个面，就要做到点面结合。要分析研究城市在地区国民经济发展中的地位和作用，以明确城市发展的任务和可能的趋向作为规划的依据。要研究地区工农业生产、交通运输、矿藏、水利资源利用等对城市布局的影响，使城市用地布局和功能组织合理。

（2）功能明确，重点安排城市用地。工业生产是现阶段城市发展的主要因素，工业布局直接影响城市功能结构的合理性。因此，要合理布置工业用地，综合考虑工业与生活居住、交通运输、公共绿地之间的关系。另外，就组织交通而言，工业区与居住区的具体布置还应注意用地的长边相接，以扩大步行上下班的范围。沿着对外交通干道布置工厂，是城市边缘地段经常见到的，在布置中要合理组织工厂出入门和厂外通路交叉，避免过多地干扰对外交通。此外，要为组织生产协作、合理利用资源、物资流通、节约能源、降低成本等创造条件；要考虑为居民创造安宁、清洁、优美的生活环境。交通枢纽城市，首先应选择和布置好交通枢纽用地；风景旅游城市则应首先考虑风景游览用地的选择和合理布局。

（3）规划结构明晰，内外交通便利。规划时要做到城市各主要用地功能明确，各用地之间关系协调，交通联系方便、安全。城市各组成部分力求完整，避免穿插，尽可能利用各种有利的自然地形、交通干道、河流等合理划分各区，并便于各区的内部组织。

（4）便于分期建设，留有发展空间。城市建设是一个连续过程，城市新区的发展，旧区的改造、更新，整个城市功能的完善、提高，是不可断的、渐进的。因此，在研究城市用地功能组织时，要合理确定第一期建设方案，考虑近远期结合，做到近期现实、远景合理，项目用地应力求紧凑、合理。城市建设各阶段要互相衔接、配合协调。

2．用地功能组织与规划结构

按功能要求将城市中各种物质要素，如工厂、住宅、仓库等进行分区布置，组成一个互相联系、布局合理的有机整体，以减少总的出行量和平均出行距离，为城市的各项活动创造良好的环境。要保证城市各项活动的正常运行，必须把各功能区的位置安排得当，既保持相互联系又避免相互干扰，其中最主要的是要处理好工业区和居住区之间的关系。

城市用地组织应根据城市的合理规模和切合实际的用地指标，确定城市各项用地的数量，并研究这些用地在总体布局方面的具体要求，在此基础上进行城市用地的组织，形成某种规划结构，这当中要注意几个方面。

（1）工业区应该和居住区有方便的交通运输联系，货运量大的工业区与铁路和港口之间的布局关系，要从交通运输的效率考虑，用铁路支线把它们联系起来。

（2）商业批发仓库、供应仓库、市场等可以布置在居住区，为工业企业服务的材料、成品仓库应布置在工业区内，仓库必须有方便的对外交通联系。

（3）水运和铁路运输用地必须保证居住区与铁路车站和码头等有方便的交通联系，但不允许铁路路线与居住区用地有过多的交叉，以防止居住区被铁路分割。

（4）噪声大的工厂、铁路列车编组站、飞机场等应尽量远离居住区。

（5）在各个城市建设中，有各种各样城市主要功能区的布置方式，这些功能区是受城市的规模和城市的国民经济特征所制约的。

（6）城市的规划分区和规划结构要同时考虑，并与建立城市交通干道系统及公共中心系统结合起来。目前，城市正由单中心向多中心城市空间结构转变，并取得了一定实效。

（7）在布置城市各个功能区时，要注意用地的建设质量，不能影响整体功能的发挥。

（四）城市总体布局的类型

1．城市相对集中布局

相对集中布局的城镇，是在用地和其他条件允许、符合环境保护要求的情况下，将城镇各组成要素集中紧凑、连片布置，使建成区相连或基本相连，这种布局形态便于集中设置较为完善的市政、公共设施，建设和管理比较经济，生产和生活比较方便。缺点是工业区和居住区距离较近、绿地较少，环境不易达到较高标准。一般二三十万人口的中小城市、县城、建制镇镇区可采用这种布局形态。但随着城市规模的不断扩大，建成区面积超过50平方千米，居住人口超过50万人，容易形成“摊大饼”形态，这样将导致城市环境恶化，居住质量下降。在城市规划中应注意改变这种不合理的布局形态。

2．相对分散布局

相对分散布局的城镇是因地形、矿产资源、历史等原因，使建成区比较分散，每块建成区规模大小不一，彼此距离较远，由交通线保持联系。这种布局形态使建成区之间联系不如相对集中布局那么方便，城市道路、供水、排水、供电、通信、供气等基础设施投资可能增加，管理难度增大；优点是有利于形成良好的生态环境，减少人口居住密度，也有利于更合理地利用土地。

3．集聚—扩散型的组团布局

现代城市规划一般宜采用集聚与扩散相结合的组团布局形态，这种城市布局形态采取适当集聚、合理扩散、加强配套、弹性发展的手法，根据不同城市性质、规模、现状特点、用地条件，把城市划分成若干个大组团，每个大组团再细分成小组团。各组团规模适中，社会服务设施自行配套，中心城组团规模较大。大的城市也可采用双中心，甚至三中心结构。各组团之间可利用天然水面、山体保持距离，或建立绿化隔离带，这样既可保持良好的生态环境，又富有弹性发展余地。中心城以外可规划若干个有一定规模、设施配套的卫星城镇，以分流中心城过密的人口，转移部分产业。

二、城市土地使用规划

（一）影响城市土地使用的规划因素

1．经济因素

在市中心、副中心的办公、商业区、工厂用地的形成等，土地市场能决定居住用地的供求关系。商业用地的价值和投资所产生的利润同比增长。有关居住用地的地价，从居住用地的需求开始，向外无限扩张，使居住用地的地价也随之高涨，这样的情况并不是自由的个别土地买卖，而是道路、铁路设施建设提高了城市的便利性，抬高了土地的经济价值，也促进了城市化的进一步发展。

协调这些关系的是土地经济学，在自由竞争的基础上可以对企业布局进行预测以及构建地价模型。

2. 社会因素

并不是所有的土地使用都由经济因素决定的，另一个重要因素是社会因素。但与经济因素相比，社会因素还没有得到充分研究，并且很容易和经济因素混同。

在城市社会学的研究中，尤其是和土地使用关系密切的研究中，都经过了城市生态学和社会组织论的过程。

城市生态学对城市外观变化过程的说明，是社会学者从生物学中引入的。运用集中和分散、向心和离心、支配和倾斜、侵入和迁移等概念，从时间、地点对城市的变化和发展进行说明。然而，人类社会和动植物并不相同，社会因素和发挥巨大作用的经济因素也不相同。

社会组织论是构成城市社会的团体和个人所具有的价值观、行动和相互作用。团体可以认为是居民组织、行政机关、企业等。人类的行动是以“必要的欲求—目标的设定—规划—决定—行动”一系列的循环呈现的，这样的行动也会影响其他个人和团体。价值观不一定通过行动来展现，而是潜在存在的。在决定土地的使用时，如某个区域的更新，会出现很多不同的价值观，作为第三者的策划者、行政当局、企业家，以及该区域的常住居民等意见不同是正常的。如果在一个集体中大部分的居民和团体能够具备共同的价值观，这叫作集体价值。也有在集体里具有影响力的人作为一个团体进行工作的情况。

另外，有关土地使用的居民运动并不是经济因素，而是社会因素，经常包含了团体和集体的价值观。因此，在进行土地使用规划时，要充分考虑到作为社会要求和居民精神健康的重要价值观和行为准则，需要为此做大量的调查研究。

3. 公共利益因素

（1）安全性与健康性。安全性是与人生命相关的最基本要求，要确保对自然灾害、火灾、事故等的预防和预备。健康性是人维持肉体上、精神上的健康状态，包含预防疾病和疲劳恢复、保护不受公害影响、保证适当的日照和通风。安全性和健康性的组合被视为一个目标。

（2）便利性。便利性是在进行土地配置时衍生出的功能区域之间的相互关系，将居住区—办公区、办公区—办公区、居住区—中心区、居住区—休闲设施等人和物移动的时间和难度缩减。为了提高便利性不能损失安全性、健康性和舒适性。

（3）怡人性。提高居住、工作、娱乐等环境的怡人性，除了创造视觉上良好的景观，还包括公园绿地、历史建筑和文化遗产所带来的文化氛围所产生的满足感。怡人的概念中有美的因素，也有地方性的因素，会产生价值的判断。要尊重居民对怡人性的选择并给予高度评价。

（二）城市土地使用范畴

过去经常将土地的用途分为农业、居住、商业、工业这四大类，在此基础上从土地使用强度和用途专一性的角度对土地进行进一步细化，叫作下级分类。而工业可以大致分为重工业和轻工业，商业可以分为专有商业和中小商业，居住可以分为公寓和独户住宅。另外，商业可以分为邻近居住区以零售为主的商业和区域中心包含娱乐设施的商业。然而，不以区域制为前提，对土地使用广义地理解时，其范畴对应城市中人的经济和社会活动的功能，自然地导出了衣、食、住、行四个功能。

（三）城市土地使用的空间要求

对空间的要求一般从农业、制造业、物流业、小商业、办公、居住、娱乐等在城市中占有较大面积的功能用地计算。此外，教育设施、政府机关、给排水系统等配置并不会占据很大的空间，因此作为其他用地统一计算。

空间需求的数据可以从很多城市规划的调查研究中获得，收集过去的研究数据，并进行新的调查，这是从现有的城市土地使用情况调查中宏观推算方法和构成各功能因素相关的数据整理方法。

工厂可以通过宏观上各行业的出货量，累积计算出不同行业的占地面积。在工作方面可以算出就业人口、员工每人的机床面积，以及建筑物的容积率。

居住用地可以从未来人口中算出家庭数，通过减去现状的家庭数，算出新需求的住宅数，并且将其在不同的地区进行分配，利用不同住宅形式的土地使用率、户数密度等算出面积。幼儿设施和老人设施等可以通过各年龄段的人口基数计算，这样的计算方法运用的数值如果反推就表示在一定的土地基础上会有怎样的功能，这叫作土地使用强度。人口密度、户数密度、每户的占地面积等是在土地使用强度中最常用的指数，这个概念之中也包括单位面积的销售额或生产额。

（四）城市土地使用的选址要求

在土地使用规划后，重要的是将在空间要求的基础上得出的各种功能用地进行合理的配置，这时需要充分考虑各功能的特质，为了避免竞争要尊重选地要求，配置到恰当的地方。农业、制造业、物流业、零售业、办公、居住、娱乐等功能如果随意放置，会由于经济的、社会的因素支配而造成一定程度的功能分化，一些不同的功能在特定区域集中可能会产生混合区域。特别是在居住用地混入工厂和娱乐设施等会导致环境明显恶化，独户住宅和集体住宅的混合如果不在区域规划中进行调整的话，会引起日照、通风、个人隐私等的损害。

此外重要的一点就是根据不同功能，按照一定的分布法则，在城市会形成一定的模式，这种模式的形成可能是由于土地使用规划落实不理想，而且这种模式还会影响其他功能的配置。

办公功能在城市中心区交通便利、地价最高的区域集中，形成了城市中心，逐渐地向外扩张。零售业也是形成城市中心的功能，同时也形成供应中心（副城市中心），形成居住用地中的区域中心，逐渐构成与市民消费倾向相匹配的结构。办公功能和商业功能的选址有根本上的差异，办公功能是主体性的选址，而商业功能是从属性的选址，因此，在副城市中心和办公中心城市的规划当中应进行明确。

工业功能除特殊情况外，一般选在地价便宜的未开发区域，但需要具备道路交通条件，还要特别注意和居住功能的距离和风向等。

居住用地和以上功能不同，选址既要考虑交通条件，又要满足居住性。

虽然选址要求在不同的功能之间有一些不同，但都和交通有密切的关系。因此，可以通过道路和铁路来带动城市化、促进各功能选址是毋庸置疑的。如今，随着家用汽车的普及、道路的建设发展，依托铁路的设施和依托公路的设施逐渐开始混合，这种混合区域一般是在离市中心比较近的城市内部街区，形成了居住、商业、工业的混合区域。在大城市的远郊出现工厂、居住、农地的混合区域，作为高速公路沿线设施引入了商业。

在土地使用规划中重要的是充分考虑各功能的选址条件，除有效地发挥各功能的作用之外，还必须保证公共利益也就是健全的城市环境目标（安全性、健康性、便利性、经济性）来对土地进行分配。一般而言，最弱势的是居住功能，随着城市的发展，在市区中办公功能和商业功能急速发展，使其周边的个别住宅和中小企业被不合理地驱赶，因此为了防止社区和公共设施被损害，有必要对市中心的居住功能制定保护政策。

（五）城市土地使用规划的制定程序

城市土地使用规划的制定程序主要包括三点。

第一，根据基本规划中城市的目标，明确规划构想，同时对土地使用状况进行调查，把握不同地区存在的问题，对未来的动向进行推定，对规划课题进行整理。

第二，进入规划设计，通过各种指标计算出未来土地的需求量，并据此分配土地。将居住区域划分出社区，标示出区域规划所必需的重点数据。在区域中明确新开发和再开发地区，以及需要特别保护的区域。

第三，实施土地规划。在这一阶段要转移到法定规划中的土地使用规范和各种城市规划项目当中。

三、城市交通规划

（一）城市交通需求

城市交通需求可以从很多角度来考虑。从与规划对象城市关系的角度来看，可以分为三类。

第一，过境交通。过境交通是指该城市既不是起点也不是终点，只是通过该城市内的公路或铁路的交通。国内远距离交通、各地之间往返货运、新干线都属于这类交通。

第二，城市之间交通。城市之间交通是指起点或终点至少一个在该城市内部的交通，对该城市而言是必要的交通。这类交通有一定的方向性，可以通过将城市内的交通体系和城市之间或地区级的交通体系有机结合在一起来解决问题。

第三，城市内交通。城市内交通除了上下班、上下学、公务、购物、休闲、访问等活动，还有物资运送等多种目的的交通。上下班、上下学这类是有明确起、终点的交通，业务交通普遍集中在城市中心或周边，起、终点并不规则，呈现布朗运动式的移动，这种目的的交通在选择交通方式时有一定的倾向，需要充分考虑其需求特性，因此是交通规划最复杂的处理对象。

交通需求会受到交通设施的制约，同时也会受到产业政策、交通规则、费用、税金等经济条件的制约。

（二）城市交通方式的特点

第一，大运量交通设施在高峰期输送力度大，费用负担较轻，所以适合上下班、上下学这类缺乏灵活性和方向弹性的交通，而不适合小规模的物资运送以及上门运送。

第二，机动车可以满足上门运送的机动性，适合城市中心的公务交通以及消防、急救、小规模的物资输送等。缺点是运力较小，造成尾气、堵塞、交通事故较多，而且成本较高。

第三，步行除了存在速度和物资运送这两个缺点，其他方面都没有问题，这使得步行的交通方式得到当代社会的尊重，而且逐渐有引导以步行为主的规划动向。近年来，在新的规划中，设定过境交通不能进入的环境保护区时会进行交通规划的提案，如设置步行专用道、步行廊道、适宜步行的路面建设等。在城市中倡导人性的回归，也是与交通相关的重要课题。

（三）城市道路规划

第一，干线道路网的构成。干线道路网的基本类型有放射环状型、格子型、格子及环状型、斜线型。

第二，干线道路的设置间距。干线道路的设置间距应根据城市的土地使用、开发密度、汽车的普及状况等有所不同。

第三，道路的断面构成。城市中各种道路的断面是以未来交通量预测为基准制定的，标准断面要根据相关规定而制定，主要干线道路和干线道路按四类一级、辅助干线道路按四类二级、区划道路按五类为标准，其他作为特殊道路，还有步行专用道、自行车专用道等。

（四）城市道路及其环境

第一，分级规划道路。道路随着其功能和性质分为干线集散道路、区域集散道路、局部集散道路等。

第二，居住环境区域。居住环境区域是布坎南报告中提出的概念，即城市的住房应位于没有汽车交通危险，人们可以安心居住、步行上学和购物的区域中。社区并不是完全没有汽车交通，而是在不影响生活环境的允许范围之内，日常生活圈的步行者完全优先，外侧围合道路和居住环境区域建立像细胞组织一样的结构。

第三，机动车与行人分离。交通事故的一个重要原因就是汽车和行人在同一个通行空间，因此，人车分离是减少交通事故的有效手段。虽然在大城市和中小城市、新城市和现状城区、居住区和商业区等有很多因素导致实际情况不同，但人车分离的方式大致可以分为两个方面：①平面分离。平面分离是最普遍的方法。虽然只是沿着车行道设立步行道，但其中分隔带的设置还是有许多技巧的。②立体分离。立体分离指的是设置步行天桥等设施，在立体空间上对行人和车辆进行分离，此方式在城市中心和副中心经常使用。在进行人车分离规划时，要注意到汽车和行人的特性。如在坡地上的开发，车辆增加一点绕行距离也不会产生较大影响，但对于步行者而言，需要用尽量短的距离到达目的地。而且，年轻人可以使用台阶，但老人、幼儿、残障人士并不希望用台阶，需要考虑设置电梯。

第四，社区中心。连通步行专用道、公园绿地、步行天桥、公交通道等步行者空间，将居住区和学校、幼儿园、公共浴场、公交车站等生活设施相连接，同时结合中心区的商店、广场等，成为具有安全性和便利性的设施规划，称为社区中心。

第三节　城市规划设计原则与工作流程

一、城市设计的类型与要素

（一）城市设计的类型

1．开发型城市设计

开发型城市设计是指城市中大面积的街区和建筑开发、建筑和交通设施的综合开发、城市中心开发建设及新城开发建设等大尺度的发展计划。其目的在于维护城市环境的整体公共利益，提高市民生活的空间品质。通常由政府组织实施。

2．保存与更新型城市设计

保存与更新型城市设计通常与具有历史文脉和场所意义的城市地段相关，强调城市物质环境建设的内涵和品质。根据城市不同地段所需要保护与更新的内容不同，还有历史街区、老工业区、棚户区等具体项目。不同项目存在的问题不同，保护更新的方式方法不同，需要具体项目具体分析，因地制宜地解决问题。

3．社区型城市设计

社区型城市设计主要指居住社区的城市设计，这类城市设计更注重人的生活要求，从居民的切身需求出发，营造良好的社区环境，进而实现社区的文化价值。

（二）城市设计的要素

1．土地使用

土地使用决定了城市空间形成的二维基面，影响开发强度、交通流线，关系城市的效率和环境质量。作为空间要素，考虑土地使用设计时要注意：①土地的综合使用；②自然形态要素与生态环境保护；③基础设施建设的重要性。

2．建筑形态及其组合

建筑及其在城市空间中的群体组合，直接影响着人们对城市空间环境的评价，尤其是对视觉这一感知途径。要注重建筑及其相关环境要素之间的有机联系。

3．交通与停车

交通是城市的运动系统，是决定城市布局的要素之一，直接影响城市的形态和效率。停车属于静态交通，提供足够的、具有最小视觉干扰和最大便捷度的停车场位，是城市空间设计的重要保证。

4．步行街区

步行系统包括步行商业街、林荫道、专用步行道等，人行步道是组织城市空间的重要元素。需要保障步行系统的安全、舒适和便捷。

5．城市标志与小品

城市标志分为城市功能标志和商业广告两类。功能标志包括路牌、交通信号及各类指示牌等。从城市设计角度来看，标志与小品基本是个视觉问题，两者均对城市视觉环境有显著影响。根据具体环境、规模、性质、文化习俗的不同综合考虑标志和小品的设计。

6．保存与改造

城市保护是指城市中有经济价值和文化意义的人为环境保护，其中历史传统建筑与场所尤其值得重视。城市设计中应关注作为整体存在的形体环境和行为环境。

7．使用活动

使用行为与城市空间相互依存，城市空间只有在功能、用途等的支持下才具有活力和意义。同样，人的活动也只有得到相应的空间支持才能得以顺利展开。空间与使用构成了城市空间设计的又一重要因素。

二、城市规划设计原则

（一）尊重自然的城市规划设计原则

自然是大气、水体、土地与生物的综合体，是维系人类生存的基础、载体与伴侣。人与自然相互依存、相互联系，城市设计在致力于人工环境的创造时，需要尊重自然、结合自然。

自然资源对城市生活的维系至关重要，城市设计对自然的尊重应表现为不破坏自然，避免砍伐树木、铲平山丘等可能会造成表土侵蚀、土壤冲刷、道路塌陷的灾害。

（二）激发活力的城市规划设计原则

活力是城市综合素质的集中体现。城市缺乏活力，纵使装扮着美丽的物质外表，也无法捕获其内在的城市灵魂。为了避免城市空空荡荡、了无人气的情况，许多城市采用人为“亮化”的策略，即在晚间时分强制要求一些建筑打开灯光，营造灯火通明的繁华景象。这样的做法虽然在一定程度上体现了城市活力，但是以大量城市电力资源代价换得的虚假人气。

目前，在合理布置功能的基础上，设计理应关注“人”的要素，因为“人”是城市活力的来源，尤其是步行的人群，他们的行进速度相对较慢，易于停留和聚集。因此，增强城市活力的另一个重要方面就在于坚持贯彻行人优先的思想，为行人的活动与聚集提供场所，即步行区域。

影响步行区域设计的要素很多，首要是正确的选址，强调以步行休闲活动为依托，设置在大型居住区附近，或利用购物、景观等资源优势吸引步行人流。

在交通上，要求具备良好的出行条件。步行街区两端往往设有配套的公交点与换乘站，或是直接允许公交车驶入步行街；主要出入口处须设置足够的自行车与机动车停车场地；如果步行街两侧设有商铺，宜在商铺背侧增设与步行街平行的支路，形成商铺货运辅道，避免流线干扰。

在尺度上，步行街长度一般控制在 300 ～ 1000 米，宽度设定在 12 ～ 20 米，既保证人流的正常移动，同时留出充足的休闲娱乐空间。步行街沿街建筑高度以 2 ～ 4 层居多，高层建筑以后退为宜。

在空间上，由于步行街多为线性布局，设计中应避免形成单调冗长的空间，宜通过沿街建筑的退缩、围合以及道路线性的变化形成别致曲折的空间感受。常见的做法为每隔 150 ～ 200 米在线形道路中加入一个扩大的“场”空间，形成较大规模的驻足场地，如此通过多个“场”空间的串接，形成高潮起伏的步行街空间序列，保持对市民的持续吸引力。

三、城市规划设计的方法步骤

实践中的城市规划设计通常是一个较为长期的过程。在城市规划设计的各个工作阶段中，方案设计是提纲挈领的重要工作。在这个阶段，设计者需要研究规划设计条件，针对规划区域构思和确定规划理念、思想和意图，对各个物质要素进行空间布置，然后将设计思维进行整理、记录和形象化，提出具体的建筑空间组织、环境景观规划、绿地系统构建、交通系统组织，并用专业的图形和文字规范地表达出来。

一般而言，规划设计有两个目的：①将对城市中的一个区域或一个空间带入有序发展的需求和愿望，与现状的物质和精神状况联系在一起，并最好地服务于未来的发展需要；②对一个地区的发展过程进行指导。无论哪一个目的，都需要规划师对该地区的现状情况、存在问题、形成原因及该地区的各种发展可能性和相关人群的发展意愿进行充分的了解和把握，这就是规划设计现状调查的目的。作为客观因素和基地各种特征的综合，都将被作为规划设计的基本条件，成为规划师在进行思考和设计过程中的重要环节。城市建设的规划是一个非常庞杂的题目，要求规划师必须对自己的任务进行界定，对每一个工作重点进行梳理。

在接受一项规划设计任务之后，需要对工作思路进行梳理并考虑规划步骤。具体如下。

（1）现状资料的调查与分析。厘清任务所在区域的物质和精神特征，并了解现状中有哪些是需要保护的有价值的要素，应当在规划中作为预设加以考虑。

（2）现状要素的关联性。规划场地满足哪些功能，如何在宏观层面和微观层面进行评价。

（3）不利因素。现状用地有哪些不利因素（交通、污染等）必须进行改变和完善，要了解导致缺陷的原因，并从广义和狭义影响来看存在哪些相互作用和依赖性。

（4）规划目标。基地在哪些方面有发展潜力，实施后有哪些影响，需要考虑哪些限制条件。

（5）规划对策。如何分解规划目标和设计理念。

（6）概念设计策略。如何设计解决方案，借助何种可能性，规划会产生哪些影响（基础设施、生态、交通等），如何达到平衡，并且要厘清有哪些示范性的经验可供借鉴。

四、城市规划基地要素分析

（一）城市规划基地的自然要素

1. 地形地貌

规划基地的地形地貌是探讨空间发展可能性和确定空间结构及形态的基本

条件。基地的地形地貌越复杂对设计的影响越大，主要影响土地的使用、空间划分、建造可能性、道路建设、自然景观及建筑个体和整体的造型、细部设计与气候的关系等。

2．水体

水体可分为：流动的自然水——溪流、河流等；静态的自然水——池塘、湖泊、水库等。

水体是自然景观中具有显著特征和体验价值的地貌形式，同时它们又在自然界自身的活动中扮演着重要角色。一般情况下，水体是重点保护对象，调查中需要重点关注水体的断面尺度、形式、作用及其所影响的周边区域（植物和动物的生活空间）的情况，要作为整体一起加以考虑。

3．植被

舒适健康的生活环境不能缺少丰富的植被系统。在进行现状调查时，必须给予植被高度的重视，尤其是乔木类的植被类型对自然景观、气候、空气净化和人的体验都有很重要的价值。尽量做到在设计时保护每一棵树。

4．气候与环境

基地内的小气候在基地分析和空间使用性质选择时也备受关注，建筑物位置的选择与基地的地形、风向、植被都有很大的关系。

（二）城市规划基地的空间要素

1．土地的使用功能与产权

对于基地的用地从使用功能的角度进行分类并做标识，每种用地的边界范围要清晰（用地性质的分类按国家用地分类标准统计）。不同的用地又有不同的所属关系，要分别记录。

2．建筑物（含建筑数据）

基地内现有建筑物的情况是调查的重点项目，需要掌握各类建筑物的详细情况。

3．道路

道路交通是衡量基地可达性的重要特征，也反映了基地对外交通联系的便捷程度。通常可将基地的交通条件分为车行道路系统、步行或自行车道路系统和停车设施三个方面。

（1）车行道路系统。车行道路系统主要为机动车行驶的通道，按城市道路等级可分为快速路、主干道、次干道和支路。道路断面形制一般分为一块板、两块板、三块板。

（2）步行或自行车道路系统。基于基地内现状步行系统的状况进行判断，梳理慢行系统的组织及布置情况。

（3）停车设施。基地内停车设施的配置和布局，主要调查机动车的停车方式、出入口的位置与车行或步行是否有冲突。

机动车的停车方式有停车楼、集中式停车场、路边停车等方式。停车楼和停车场重点关注出入口与机动车道和步行道路的衔接是否有冲突，路边停车则要综合考虑道路的通行能力及对步行的干扰。

五、城市规划设计目标分析

1．评价与描述外部关系

评价与描述外部关系主要是考察基地与周边环境的结构性关系，可以扩大到与更大空间和功能的关系。

（1）基地与周边交通的关系分析。主要考察基地周边的城市道路系统、慢行系统的主要通道及到周边公共交通站点的联系，评价基地的可达性。

（2）基地与周边公共服务设施的关系分析。主要考察基地与周边城市公共服务设施距离关系，评价基地的综合服务水平。

（3）基地与周边开敞空间的关系分析。主要考察基地周边的整体生态环境的形态特征，与公园、广场、水体等开敞空间的联系，评价基地的空间环境质量。

（4）基地与周边建筑空间的关系分析。主要考察基地周边的建筑形式、建筑密度、空间形式、建筑使用状况，评价基地周边的建筑环境质量。

（5）基地周边的土地利用。主要考察基地周边的土地使用情况，包括土地使用性质、规模、等级等内容，评价基地未来可能的土地使用方向。

2．基地的用地适应性评价

对基地的地形地貌、地质条件、生态条件、污染状况等情况的分析，可以对基地内的具体地块进行土地的适宜性评价，分为适宜建设用地、一定条件下适宜建设用地、不适宜建设用地和不允许建设用地。

3．现状要素关联性分析

将基地周边与基地内部的相关用地条件、交通条件、公共服务设施等各要素在平面图上予以综合性的表达，分析各要素之间的关系，从中找出基地建设项目需要解决的消极因素、消极空间和矛盾冲突，并分析其存在的原因。针对分析结果，特别是基地的不利条件，提出相应的解决措施，以备在方案设计时予以全面解决。

六、城市规划设计方案分析

1. 城市规划设计中的研究破题

研究破题是城市设计中最为核心的环节，在设计一个项目的过程中，首先需要发现该项目最核心的价值所在，其次通过规划设计手段对城市建设进行预先的谋划。规划设计的价值逻辑本身就是一个从价值发现到价值创造最后到价值兑现的过程，这种价值逻辑是所有城市设计项目中最基本的思考方式，在强调实施性的项目中尤其重要。每个城市都有其存在的价值区段。当我们在做规划设计项目时，应该注重因地制宜，针对其独特的特质研究并作出合理的价值判断。城市中的不同地段都有其独特的价值。城市本身充满了丰富多彩的要素，找到其独特的价值，是一个好的城市设计的基础。

2. 城市规划设计中的功能组织

功能组织是规划设计的核心内容，一个规划方案的功能布局应该具有相当严密的逻辑。它包括功能组织、分区、匹配与关联互动，也包括功能内涵与容量，根据不同的功能与空间组织需要形成不同的模式、秩序与章法。

3. 城市规划设计中的形成方案

方案设计指的是如何在方案空间中落实理念与价值体系。城市规划设计以空间为载体，塑造城市空间也是规划设计的主要目的和核心任务。城市空间有多种表现形式和塑造方式，通过有针对性的和富于创意的空间组织塑造，以适应功能需要实现预期价值。在空间诸多特质中，空间尺度、空间关系和空间边界是最为重要的，需要在规划方案中重点考虑。

城市设计是城市空间塑造的主要手段，包括山水格局、城市肌理与形态、开敞空间系统、建筑群落与建筑风貌、场所活动与环境艺术等内容。将以上整个城市设计过程逐一分析表达，形成一个完整的城市设计方案。

4. 城市规划设计中的引导管控

规划设计的最终目的是指导城市建设，以规划为依据进行建设管控是实现高品质城市环境和有序建设的必然途径，也是城市功能实现和预期价值兑现的重要手段。引导管控有以下两种方式。

（1）法定管控。法定管控是指通过规划许可制度实现用地管控、设施管控、指标管控。

（2）引导管控。引导管控是指通过城市设计导则与指引干预建设工程中的形态管控、风貌管控、特色管控。

一般情况下，设计管控的内容有两种实现途径。

（1）可以与控制性详细规划相衔接，依托分图则的法定编制单元，以图则化、指标化的方式对设计管控内容进行具象表达，强化空间形态、用地功能、开发强度等要素的刚弹结合管控；

（2）可以编制城市设计导则，有针对性地解决城市空间问题。城市规划设计重要的特点是因地制宜和因势利导。因地制宜是源于规划师敏锐的观察、激情的感知和理性的分析。因势利导在于不囿于手法、不拘泥于形式、有目的地创新。只有将逻辑、理念、手法、创新等融会贯通，才能做出好的规划设计方案。

第六章

城市要素与城市规划

第一节　城市旅游与城市规划

一、城市旅游与城市旅游规划概述

（一）城市旅游的概念及特征

1．城市旅游的概念

城市旅游是指人们前往城市地区进行旅游活动的一种旅游形式。城市旅游是现代旅游业的重要组成部分，包括观光、文化交流、购物、娱乐等多种活动形式。城市旅游的主要目的是享受旅游过程中的乐趣和体验，了解城市的文化、历史、风俗和生活方式，同时也可以促进旅游消费和城市经济发展。

2．城市旅游的特征

（1）便捷性。城市旅游的最大特点就是便捷性，城市区域交通便利、配套设施完善，旅游者可以通过公共交通或步行等方式方便地到达各个景点和商业区。城市旅游不需要太多的准备和安排，可以随时开始和结束，符合现代人的生活习惯。

（2）文化性。城市旅游具有浓厚的文化性，城市是文化传承和创新的重要地区。旅游者可以在城市中了解历史、文化、风俗等方面的知识，感受城市的文化氛围和艺术气息。城市旅游还可以通过参观博物馆、美术馆、文化遗产等方式，感受城市文化的历史积淀和艺术魅力。

（3）多样性。城市旅游的活动内容具有多样化，包括文化、娱乐、购物等多种活动形式。城市中有着各种各样的商业街、购物中心、主题公园等，满足旅游者的各种需求，如购物、游玩、品尝美食等。城市旅游还可以通过参加各种各样的文化、体育、艺术活动，丰富旅游者的体验和感受。

（4）个性化。城市旅游具有个性化的特点，旅游者可以根据自己的兴趣爱好和需求，制订适合自己的旅游计划。城市旅游的景点和活动丰富多样，旅游者可以根据自己的喜好选择适合自己的旅游内容。城市旅游还可以通过参加各种文化交流、学习课程等活动，提高旅游者的自我认知和素质修养。

（5）环保性。城市旅游的发展需要合理规划和管理，避免对城市环境造成破坏。城市旅游需要加强环保意识，促进旅游行业的可持续发展，保护城市环境和资源，提高城市居民的生活质量。

（6）信息化。城市旅游的发展需要借助信息化的手段，如智能化的导览设备、在线预订系统等，为旅游者提供更加方便、快捷、高效的旅游服务。城市旅游还需要通过互联网、社交媒体等渠道进行推广和宣传，提高城市旅游的知名度和美誉度。

（二）城市旅游的需求

1．文化需求

城市旅游者通常对城市文化和历史遗迹感兴趣，希望了解城市的历史、文化和风俗习惯，希望参观博物馆、艺术馆、历史古迹等，体验城市的文化底蕴。

2．休闲需求

城市旅游者会寻求一些放松、休闲的活动，如散步、骑行、游泳、看电影等，以缓解压力和放松身心。城市中的公园、广场、绿地等空间是游客放松和休闲的好去处。

3．娱乐需求

城市旅游者还会在城市中寻找娱乐活动，如购物、看电影、听音乐会、夜生活等，以享受城市的繁华和娱乐场所。城市中的商场、电影院、音乐厅、夜店等场所都是游客喜欢去的娱乐场所。

4．知识需求

城市旅游者会有一定的知识需求，希望通过旅游了解新知识、新技术、新产品等，以扩展自己的知识面。参观科技馆、博物馆、展览会等都是游客获取新知识的好去处。这些场所可以让游客深入了解人类的科技进步历程、不同文化之间的交流互动等，既可以满足游客的求知欲，也可以拓宽游客的知识面。

5．交流需求

城市旅游者会希望与当地居民交流，了解他们的生活和文化，结交新朋友，以拓展自己的社交网络。城市中的咖啡厅、酒吧、公园、广场等场所是游客与当地居民交流的好去处。

（三）城市旅游的供给

1．旅游设施和景点

城市旅游的供给包括各种旅游设施和景点。城市旅游的景点可以是历史文化遗迹、自然风景区、博物馆、艺术馆、主题公园、购物中心等。这些景点和设施为游客提供了丰富多彩的旅游选择，满足游客的各种需求，增加游客的旅游体验。

2．旅游交通

城市旅游的供给包括各种旅游交通工具，如公共交通、出租车、观光车、自驾车等。这些交通工具为游客提供了便捷的旅游交通，让游客更加方便、快捷地到达旅游目的地。

3．旅游住宿

城市旅游的供给包括各种旅游住宿，如酒店、旅馆、民宿、青年旅社等。这些住宿设施为游客提供了安全、舒适的住宿环境，让游客更好地休息，以备下一天的旅游活动。

4．旅游餐饮

城市旅游的供给包括各种旅游餐饮，如餐馆、咖啡馆、快餐店、美食街等。这些餐饮场所为游客提供了丰富多彩的美食选择，让游客在旅游过程中享受到美食。

5．旅游购物

城市旅游的供给包括各种旅游购物，如商场、百货公司、特色小店、纪念品店等。这些购物场所为游客提供了丰富多彩的购物体验，让游客在旅游过程中享受到购物的乐趣。

6．旅游服务

城市旅游的供给包括各种旅游服务，如导游、翻译、租赁服务、旅游保险等。这些旅游服务为游客提供了全方位、多层次的旅游服务，让游客在旅游过程中得到更好的保障和支持。

（四）城市旅游的规划

1．城市旅游的整体布局规划

城市旅游的整体布局规划应考虑到城市旅游资源的分布和城市旅游的主题

定位。通过整体布局规划，可以合理利用城市旅游资源，提高城市旅游的吸引力和竞争力。城市旅游的主题定位是指将城市旅游打造成有特色、有品质、有差异的旅游目的地，通过主题定位，可以提高城市旅游的品牌形象和知名度。城市旅游的整体布局规划和主题定位规划是城市旅游规划的基础。

2. 景区开发规划

景区开发规划是城市旅游规划的重要内容。景区开发规划应考虑到景区的整体布局、景区的主题定位、景区的管理和服务等方面。通过景区开发规划，可以合理利用城市旅游资源，提高景区的吸引力和竞争力。景区的主题定位是指将景区打造成有特色、有品质、有差异的旅游目的地，通过主题定位，可以提高景区的品牌形象和知名度。景区的管理和服务是保证景区开发和运营的重要保障。

3. 旅游交通规划

旅游交通规划是城市旅游规划的重要内容。旅游交通规划应考虑到城市旅游的交通运输设施和服务水平，以提高城市旅游的便捷性和效率。旅游交通规划应考虑到城市旅游的交通方式、交通设施的数量和质量、交通服务的水平等方面。通过旅游交通规划，可以优化城市旅游的交通网络，提高城市旅游的可达性和便捷性。

4. 旅游住宿规划

旅游住宿规划是城市旅游规划的重要内容。旅游住宿规划应考虑到城市旅游的住宿需求和旅游住宿的供给之间的平衡关系。旅游住宿规划应考虑到旅游住宿的数量、类型、设施、服务水平等方面。通过旅游住宿规划，可以优化城市旅游的住宿环境，提高旅游住宿的品质和服务水平。

5. 旅游餐饮规划

旅游餐饮规划是城市旅游规划的重要内容。旅游餐饮规划应考虑到旅游餐饮的数量、类型、设施、服务水平等方面。通过旅游餐饮规划，可以优化城市旅游的餐饮环境，提高旅游餐饮的品质和服务水平。

二、旅游发展与城市规划的相互关系

（一）城市规划对旅游发展的影响

1. 合理规划城市空间

城市规划是制定城市发展规划的重要手段，可以指导城市发展的方向和重点，为旅游业提供必要的空间和资源保障。合理规划城市空间可以为旅游发展创造良好的条件，包括选择合适的旅游区域、优化交通布局和建设旅游基础设施等。

2．保护历史文化遗产

城市规划可以为旅游业提供保护历史文化遗产的环境和条件，为旅游者提供具有历史文化价值的旅游景点。城市规划可以通过规划和建设历史文化保护区、规划和改造历史文化遗产建筑等手段，有效保护历史文化遗产，为旅游业提供必要的保障。

3．完善城市配套设施

城市规划可以为旅游业提供必要的配套设施和服务，为旅游者提供更加便捷、舒适的旅游服务。完善城市配套设施包括改善公共交通、建设酒店、餐厅、商业街等，满足旅游者的各种需求。

（二）旅游发展对城市规划的影响

1．推动城市空间优化

旅游业的发展可以推动城市空间的优化和改善，为城市规划提供更加合理、科学的方案。旅游业带来人口流动和资金流动，为城市规划提供更加充足的数据和信息，推动城市规划科学化、精细化。

2．增加城市经济收入

旅游业的发展可以增加城市经济收入，提高城市经济水平，为城市规划提供更加充足的财政支持。城市规划可以借助旅游业的发展，制订更加有利于城市经济发展的规划方案，提高城市的竞争力。

3．加强城市文化氛围

旅游业的发展为城市带来不同文化背景的人群，丰富了城市文化氛围，推动了城市文化的发展。城市规划可以借助旅游业的发展来规划和建设旅游景点，为城市注入更多的文化元素，提高城市文化氛围，为城市发展提供更加广阔的空间。

4．促进城市形象塑造

旅游业的发展可以促进城市形象的塑造，提升城市的知名度和美誉度。城市规划可以借助旅游业的发展，制订更加有利于城市形象塑造的规划方案，为城市形象的提升提供必要的支持。

三、基于旅游发展的城市规划路径

（一）旅游发展与城市性质

城市性质是城市在一定地区、国家内的政治、经济与社会发展中所处的地位和所担负的主要职能，是城市在国家或地区政治、经济、社会和文化生活中所处的地位、作用及其发展方向。在城市发展的过程中，必须对城市性质进行定位，明确城市开发的主要方向，这样才能为城市发展战略和总体规划的制订提供科学依据，并能明确城市部门结构，保护和改善城市环境，并合理利用城市土地资源，提高城市土地利用率。

旅游城市是以发展旅游业为主要职能的城市，既是旅游目的地，又是区域旅游的集散中心。一个城市能否成为旅游城市，主要看它能否满足游客吃、住、行、游等方面的要求，以及能否在游客心中形成比较稳定的整体形象。

（二）旅游发展与城市空间布局规划

城市空间布局的本质，是城市各种活动在空间位置上的竞争和它们在此位置上所付出的土地使用费大小平衡的结果。经济是城市发展的主要推动力和基础因素，一个城市的经济能够快速发展，会促使城市的人口聚集，并带来一定的财富，而财富和信息技术等的聚集又能够反向促进城市经济的繁荣，处理好双方的关系，就会形成城市发展的良性循环。

与此同时，城市人口在聚集的过程中，要求城市在空间上有更大的工作和生活区域，并促进城市内部的各种基础设施不断完善，逐渐向郊外延伸。城市基础设施的不断完善，会增强城市的影响力，能够吸引更多外来的资金、技术、人才等，推动城市进一步发展及空间结构的相应变化。

随着社会的不断进步，城市产业结构的升级，服务业以及高新技术产业比重上升，均有利于城市空间结构的优化。在旅游城市中，旅游业及其相关产业作为主要经济增长点和支柱产业，成为城市空间布局演进的重要影响因素。旅游空间布局是旅游活动在地理空间上的投影，当某一地区的旅游产业逐渐或者已经成为该地区的主导产业时，城市的发展格局便按照旅游产业的空间布局，在地理空间上有方向性地发展。

（三）旅游发展与城市产业布局规划

城市的产业布局，是产业在城市内部的空间分布和组合的经济现象。产业布局的空间演变，实质是各种资源、各生产要素甚至各产业为选择最佳区位而形成的在空间地域上的流动、转移或重新组合。在一个城市中，随着经济的发展，居民的人均收入水平不断提高，因此劳动力由第一产业向第二产业移动。当人均居民收入进一步提高时，劳动力便从第二产业逐步向第三产业移动，这是因为服务业比制造业、制造业比农业能够得到更多的收入。因此，当旅游业不断发展与壮大时，城市产业的布局会朝着旅游业的方向发展，并在此过程中，形成完整的体系，使之能够为旅游业服务。

产业是具有某些相同特征的经济活动的系统，产业结构是各产业的构成及各产业之间的联系和比例关系。不同的历史时期，随着经济的发展，一个城市的产业结构是在不断进行转换的，因此其主导产业部门也在不断置换，这个过程同样是资源的时空配置过程。

旅游城市空间结构是城市产业结构的反映，城市产业结构对区位选址的要求差异，决定了城市的聚集状况、空间分布及土地利用结构。旅游产业与其他相关产业协同关联链的建立，使城市功能结构转变为以旅游区为城市功能核心，在其周围聚集了各种相关旅游服务及商业、房地产等行业组成的产业综合体。旅游业的发展有相当高的产业关联度，它们带动相关产业的发展并拉动投资，对当地的招商引资有极强的带动作用。

在旅游城市的产业布局规划中，应优先考虑旅游及其相关产业在今后一定时期内的重要作用，在保护、整合城市旅游资源的基础上，发展相关产业，并对其进行合理布局，使之能够为旅游产业服务，从而达到共同促进的目的，使城市和谐发展。

（四）可持续的生态宜居城市建设

随着城市综合实力的不断增强，城市内部的环境得到不断改善，各种配套服务设施趋于完善，于是吸引了外来游客，逐渐使城市具有了旅游管理、接待、集散中心的功能。旅游逐渐开始向城市化发展，为促使城市和谐发展，城市规划应本着可持续发展的原则，创建生态旅游城市。

生态旅游城市，是运用生态学、经济学和旅游学的原理，遵循生态与城市发展规律，以生态城市的建设为基础，以城市生态旅游为主线，以自然生态的良性循环及人与自然、社会的和谐为核心，以实现城市的可持续发展为目标，进行规划、建设和管理的现代化新型城市。中国的旅游城市，须采取可持续发展模式，探索和研究生态城市建设之路，避免高能耗、高污染、低产出的发展道路，寓自然环境保护、社会生态和谐于经济发展之中。

建设生态旅游城市，应以可持续发展思想为指导，对每个环节都要作出详细布局，并提出具体措施，整个规划过程必须绿色、环保，才能使城市能够真正发挥其生态旅游的效益。

第二节　建筑设计与城市规划

一、建筑设计与城市规划的相互关系

（一）城市规划指导建筑设计

城市规划能够为建筑设计提供一定的指导和帮助。城市规划借助人力、空间和土地等方面的资源相结合的方式实现科学规划与设计。城市规划是对城市展开人性化的布局和配置。通过科学合理的城市规划能够在一定程度上协调不同要素之间的关系，并完善城市的各项功能和设施。通常条件下，结合建筑设计层面的内容可以得知，设计人员在设计过程中应对不同人员的和谐共存问题进行有效处理。为了充分落实和实现城市建设与环境相统一的基本发展目标，建筑设计必须服从城市规划的要求和指导，从而在一定程度上推动城市的健康发展与进步。

（二）建筑设计服从城市规划

随着时代的发展和社会的变迁，在城市化建设中，建筑作为主体具有不可忽视的作用。建筑是城市总体形象的最直观的元素，是城市设计的重要对象。建筑与城市和周围无法实现协调与统一的原因通常有以下两点。

一是城市规划中没有加强对建筑作用的重视。

二是城市规划中没有科学考虑到建筑与环境之间的内在关系和影响。

一般条件下，城市人文景观和自然环境发展都将被纳入总体的规划内容中，从而达到两者和平共存的基本目标。建筑本身具有区别于其他设施的特点和功能，保证城市规划的合理性可以为其可持续发展目标的有序落实提供便利条件和基础保障。

（三）城市规划和建筑设计之间的优势互补

在城市规划过程中，其设计语言是人们需要关注的重点之一。规划人员需要加强对细节内容的控制，将整体的设计理念有效地融合进去，结合建筑设计的具体方案采取精准有效的把控手段，以此在建筑设计上对城市的物质形态展

开科学调整与改进，增加城市规划中的不同原色，明确规划方案的各项内容和技术要点。对建筑设计进行适当调整可以为城市规划带来有利的影响，提高城市空间资源利用的合理性，实现城市规划与建筑设计的优势互补。

二、新形势下建筑设计与城市规划分析

（一）新形势下建筑设计和城市规划要求

在当前社会发展背景和形势条件下，建筑设计与城市规划工作都需要严格按照可持续发展要求来落实相关发展措施和工作任务，并且始终坚持以人为本的城市建设理念，在城市发展和规划过程中对各种关系进行有效协调，加强对人类、环境、建筑和经济等因素的管理和控制，在实现四者协调统一的情况下才能保证城市规划的合理性，从而为人们提供物质和精神两个层面上的需求。建筑设计不仅要具备较强的美观性和观赏性，也应该兼顾人们对功能性要求的满足，符合人性化的基本原则，为人们的日常办公与生活提供可靠保障。城市规划工作中也需要参考和借鉴此项内容要求，做好城市空间布局，明确具体的职能和功能，实现主次分明并互相衔接的规划目标。

当前我国的环境污染问题比较突出，在一定程度上对人们的生活条件和环境质量产生严重影响。现代化城市建设过程中要求建筑设计与城市规划保持和谐，对生态环境要加以有效保护，积极落实各项环境保护措施和方案，避免因城市建设和经济发展而对生态环境造成相应的破坏和污染，实现人与自然和谐相处的基本目标。与此同时，在各种节能减排和绿色环保措施不断落实的情况下，建筑设计与城市规划也需要积极响应，在城市规划过程中节约土地资源和空间资源，始终坚持因地制宜的基本原则和发展理念，对城市的生活区、商业区和工业区等区域进行科学划分，为城市发展提供充足的动力源泉。建筑设计满足绿色环保的基本发展理念，即使当前的建筑设计工作还无法实现全面无污染的要求，但是设计人员可在建筑设计方案中尽可能地降低能源和资源的消耗，控制建筑材料的使用量，提高材料的利用率，结合工程实际和环保政策选择具备绿色环保功能的材料，最大限度减少有害物质的排放，建立绿色、安全和健康的城市环境。

城市规划工作需要对不同方面的因素进行综合考虑和分析，避免和历史文化保护区产生冲突，在满足人们物质和精神两个层面的生活需求的前提下加强环境、人文历史和古建筑物的保护工作，避免城市规划与其产生冲突，当无法规避冲突和问题时需要及时做出优化与调整措施，将保护环境作为城市规划工

作中需要重点考虑的问题。建筑设计不仅要对各项功能进行综合考虑，还应对抗震、抗洪以及防火、防雷电等进行科学设计。

（二）新形势下建筑设计与城市规划措施

1．以城市规划为指导开展建筑设计

要想保证建筑设计与城市规划之间有良好的协调性与科学性，设计人员需要结合城市规划的指导地位和约束收益层面展开综合性的考量和探究，在完成长期运作目标的前提下对建筑功能展开科学规划，还要提前留下充足的运作空间，提高设计水准，使城市规划的各方面建设需求得到有效满足。与此同时，为了提高建筑设计的合理性，还应该对城市未来的发展方向和需求，以及使用功能等展开科学预估和分析，在保证建筑空间规划质量的同时控制建设成本，及时了解和掌握建筑设计中的各项问题和缺陷，借助完善的管控措施和方案来达到整体性的规划目标。为了提高建筑设计水平，技术人员需要在保证城市规划整体性的情况下对规划理念和施工技术展开科学合理的调整和创新，在其中融合应用先进设计理念来加强对设计运作资源的操控，提高建筑设计与城市规划之间的有序性，使其保持在可控范围内，促进城市的综合发展。

2．基于建筑设计，保障规划建设质量

在建筑设计与城市规划过程中，相关工作人员需要提高对建筑设计的重视程度，并为其提供科学指导和帮助，加强设计与城市环境之间的充分融合，推动城市规划工作的逐步落实和实施。

（1）建筑设计需要具备良好的大局意识和观念，结合城市规划建设的综合层面进行分析和考虑，使建筑物与城市环境充分结合。建筑造型应与周围建筑环境保持较高的一致性，在色彩和虚实处理方面应贴合实际情况，建筑群流线需要准确地表达出环境肌理要求。

（2）为了提高建筑设计的整体水准，应严格按照以人为本的原则开展相关工作，加强个性化设计，在充分掌握人性化内容的情况下有序落实局部设计工作，建立符合人们心理预期和目标的城市环境与氛围。

3．融入创新元素

随着城市化进程的不断加快，我国的城市规划与建筑设计水平也在不断提高，为了实现两者的协调发展，相关部门要结合城市的实际发展状况，在规划过程中融入创新元素，进一步推动城市的长远发展。现如今，随着生态文明的高速发展，在进行城市规划与建筑设计时融入创新元素也是时代发展的必然趋势，不仅要让当地居民感受到城市的发展，同时也要让外来游客能够直观地感受到城市日新月异的变化。

4．完善监督体制

进行城市规划和建筑设计时，相关政府和部门必须建立完善的监督机制，确保制度的严格执行，这对于打造现代集约城市有着十分重要的意义。目前，很多企业为了追求经济利益最大化，忽略了建筑的施工质量，使豆腐渣工程、烂尾项目频繁出现，不仅造成了极大的资源浪费，也不利于构建和谐社会。为了构建文明城市，打造和谐投资环境，城市规划与建筑设计的实施过程中一定不能脱离监管体制，相关部门必须加快完善城市规划的法律制度，确保城市规划的合理性和科学性，并采用招投标的方式选取专业的施工团队，确保城市规划可以顺利开展。

5．与周边自然环境有机协调

新形势下的建筑设计与城市规划工作需要对周围自然环境展开科学协调和处理，使其能够与建筑设计和城市规划进行充分融合。政府相关部门和单位的设计人员需要在保证建筑正常使用功能能满足人们日常需求的同时体验到生活的乐趣，感受城市给人们带来的文化和经济等层面的良性作用。

6．让群众建言献策，参与规划

城市居民作为城市的主体需要积极参与到城市规划工作中，从而使其树立正确的主体意识和观念。政府相关部门和单位应借助互联网技术展开问卷调查工作，了解居民对城市规划的看法和建议。政府在了解城市居民真实想法和意见的基础上才能制订出完善有效的设计规划与发展措施。

7．加强先进技术的应用

在现代化的城市规划设计中，如果继续使用传统落后的技术，将会出现严重的资源使用不合理的问题，无法降低各种污染性材料的投入比例，从而造成严重的生态资源与能源浪费现象。对此，在生态建筑设计的应用过程中，必须加强先进技术与新型材料的合理应用。

8．坚持绿色低碳发展道路

城市规划和建筑设计要确保协调发展，实际操作中要与自然和谐共生，尊重自然规律，不能破坏自然环境。规划和建筑设计要坚持绿色低碳原则，在发展的同时保护环境，且要节约各种能源，控制建设中对各类资源的消耗。城市规划和建筑设计要顺势而为，因地制宜，坚持可持续发展，落实绿色发展，促进经济与生态良性循环。建筑设计要保证空间集约，必须高效利用，整体规划设计的目标是在促进城市化发展的同时，最终获得良好的生态效益。

9．加强建筑设计审核并规范施工组织设计

建筑是城市的组成部分之一，其是城市经济发展水平和文化特色的直接体现。新形势下需要做好建筑设计的审核工作，同时制定科学合理的审核机制，结合不同层面和因素对建筑设计进行有效审核，使建筑能够达到城市规划的标准和要求。

（1）设计人员应对建筑设计方案的可行性进行综合考虑和分析。

（2）应核查建筑设计是否符合城市规划的相关要求，并评估其对城市未来发展格局与空间形态的影响。

（3）对建筑所在地区的环境展开科学调查和检测，防止对自然环境造成不良影响。

与此同时，相关部门的工作人员需强化对其审查与监控。具体而言，应结合项目实际进展及现场具体情况，综合评估施工过程中出现的各种问题，并对项目设计中的重大修改和变更作出及时响应。此外，随着与项目相关的法律法规的修订或新法规的颁布，以及施工原材料和技术发生显著变化时，必须对施工组织设计进行相应的调整和优化。所有更新后的施工组织设计文件，在实施前须经过严格的审核与批准流程，确保其符合最新的规范要求和技术标准，方可开展后续施工作业。

第三节　城市基础工程与城市规划

一、城市基础设施规划

城市是一个人口、生产与生活活动以及物质财富高度集中的人工环境。这种环境必须依靠与外界的物质和能量的交换才能保证其系统的平衡和正常运转。城市基础设施正是维系城市人工环境系统正常运转的支撑系统。对于现代化大城市而言，人们无法想象缺少电力供应、污水滞留、垃圾不能及时清理会是怎样一种情景，这些城市基础设施对于城市的存在与发展至关重要。城市基础设施规划是城市规划的重要组成部分。

（一）城市基础设施规划的内涵

城市基础设施的建设和维护是城市管理中不可忽视的重要部分。城市基础设施的建设需要投入大量的资金和人力，同时需要考虑城市规划、市场需求、环保要求等因素，因此需要科学规划和有效的管理。城市基础设施的维护也非常重要，包括日常巡检、维修、更新等工作，保证城市基础设施的正常运转，避免事故发生，同时也延长设施的使用寿命，降低城市的维修成本。城市基础设施的建设和维护是一项长期性的任务，需要政府、企业和居民共同参与，形成合力，共同推动城市基础设施的发展和完善。

（二）城市基础设施的作用

第一，城市基础设施是城市发展的基础和支撑，它对城市的现代化水平和文明程度起着重要的作用。随着城市化进程的不断加速，城市规模急剧扩大，城市基础设施的建设和发展也变得越来越重要。城市基础设施的建设需要同步进行，否则将会影响城市的高效运转和发展，甚至导致城市效益的逆转。随着城市经济的发展和居民生活水平的提高，人们对基础设施服务水平的要求也越来越高，这进一步凸显了城市基础设施的重要性。因此，城市基础设施的普及率和人均水平已经成为国际上衡量城市现代化水平和文明程度的重要标志之一。

第二，城市基础设施是国民经济基础设施的重要组成部分，是创造城市集聚高效益的重要基础条件。城市基础设施的现代化水平提高，可使城市整体经济取得最佳集聚效益。

第三，城市基础设施不仅是城市经济发展的基础和现代化水平的标志，还承担着保障城市安全、改善和提高城市环境的重要责任。通过合理规划和建设城市基础设施，可以降低城市灾害发生率，保护城市居民的生命财产安全，改善环境质量，提高城市居民的生活品质和健康水平。城市基础设施建设是一项长期而系统的工程，需要政府、企业和社会各方的共同努力和投入，才能实现城市可持续发展的目标。政府需要通过合理规划和财政支持，引导企业和社会各方积极参与基础设施建设。企业需要通过技术创新和资源整合，提供高质量的基础设施建设服务。社会各方则需要积极参与城市规划和基础设施建设，提供支持和反馈意见。只有通过共同努力和投入，才能实现城市基础设施建设的可持续发展，为城市发展和居民生活提供更好的保障。

（三）城市基础设施建设的特点

1. 城市基础设施建设的超前性

城市基础设施建设的超前性是指城市的发展需要基础设施的支撑，但基础设施建设的周期长、投入大，无法与城市的发展速度完全同步。因此，在进行基础设施建设时，需要考虑城市未来的发展需求，并预留一定的建设空间和容量，以保证基础设施能够满足未来城市发展的需要，防止基础设施“缺口”出现。

2．城市基础设施建设的整体性

城市基础设施建设的整体性指的是城市基础设施各个部分之间存在着相互联系和相互作用的紧密关系。城市基础设施的各个部分都是为了满足城市的需要而建设的，它们之间的关系是相互依存、互为补充和支持的，构成了城市基础设施的整体性系统。因此，在城市基础设施建设中，应该注重整体性规划，充分考虑各个部分之间的协调配合，保证整个系统的协调运行。

3．城市基础设施建设的比例性

城市基础设施建设的比例性指的是城市基础设施建设的规模和质量应当与城市经济、人口和社会发展的要求相适应，不宜过大也不宜过小。如果基础设施建设规模过大，会浪费资源和资金，造成社会投入的过度集中，影响其他社会事业的发展；如果基础设施建设规模过小，则无法满足城市发展的需要，制约城市经济的增长和社会发展。因此，在城市基础设施建设中，需要进行全面规划，合理分配资金和资源，确保各项建设的比例适当，以实现城市发展的平衡和可持续性。

二、城市工程系统规划

城市工程系统规划是针对城市工程基础设施的规划，它包括给水排水、能源供给、通信等多个系统的规划。其中，城市给水排水工程系统规划包括了给水和排水工程，城市能源供给工程系统规划包括了供电、燃气和供热工程，城市通信工程系统规划涉及了城市通信网络。城市工程系统规划从总体上考虑，需要结合城市的社会经济发展目标和具体情况，制定合适的设施规模和容量，并科学布局，以满足城市的需求。

（一）城市通信工程系统规划

1．城市通信工程系统的构成与功能

（1）城市邮政系统。城市邮政系统是指由邮政局所、邮政通信枢纽、报刊门市部、售邮门市部、邮亭等设施所组成的系统，其主要业务包括邮件传递、报刊发行、电报及邮政储蓄等。邮政通信枢纽则负责收发和分拣各类邮件，以保障城市邮政系统的快速、安全传递功能。城市邮政系统的设施与服务覆盖面广，能够为城市居民提供便捷、可靠的邮件、报刊和电报传递服务，同时也支持邮政储蓄等金融服务。

（2）城市电信系统。城市电信系统是由多个分系统组成的，包括长途电话局、市话局、微波站、移动电话基站、无线寻呼台等，同时也包括电话网，它们共同构成了城市的电信基础设施。其中，电话局（所、站）具有收发、交换、中继等功能，电信网则包括电信光缆、光接点、电话接线箱等设施，具有传送语音、数据等信息的功能。城市电信系统能够满足城市居民对于通信的需求，方便快捷地传递各种信息。

（3）城市广播电视系统。城市广播电视系统采用无线广播电视和有线广播电视两种发播方式，包括广播电视台站工程和广播电视线路工程。广播电视台站工程包括无线广播电视台、有线广播电视台、有线电视前端和分前端以及广播电视节目制作中心等设施，其主要功能是制作播放广播节目。广播电视线路工程主要包括有线广播电视的光缆、电缆以及光电缆管道等，其主要功能是传递信息和数据传输等互联网功能。简言之，城市广播电视系统是为了向市民提供各种广播和电视节目服务，并且利用各种技术手段传递信息和数据。

2．城市通信工程系统规划的主要任务

（1）根据城市通信的现状和未来发展趋势，确定城市通信的发展目标，预测未来通信需求。

（2）合理规划邮政、电信、广播电视等通信设施的规模和容量。

（3）科学布局各类通信设施和通信线路，以确保通信的高效运行。

（4）制定通信设施综合利用对策与措施，提高设施的利用率和效益。

（5）考虑通信设施的保护措施，确保通信设施的安全和稳定运行。城市通信工程系统规划需要综合考虑城市的经济、社会、文化等各方面的因素，同时需要协调各专业规划的编制和实施。

3．城市通信工程系统规划的主要内容

（1）预测近、远期通信需求量，预测与确定近、远期电话普及率和装机容量，确定邮政、电信、广播电视等发展目标和规模。

（2）提出城市通信规划的原则及其主要技术措施。

（3）确定邮政、电话局所、广播和电视台站等通信设施的规模、布局。

（4）进行电信网与有线广播电视网的规划。

（5）划分城市微波通道和无线电收发信区，制定相应主要保护措施。

4．城市通信工程系统详细规划的主要内容

（1）计算详细规划范围内的通信需求量。

（2）确定邮政、电信局所等设施的具体位置、规模和用地范围。

（3）确定通信线路的位置、敷设方式、管孔数、管道埋深等。

（4）划定规划范围内电台、微波站、卫星通信设施控制保护界线。

5. 城市通信需求量的预测

城市通信工程系统规划的第一步是预测城市通信的需求量，该预测可分为电话和移动通信等几个分项。

（1）邮政。对于邮政需求量的预测，可以采用邮政年业务总收入或通信总量来进行。城市邮政的业务量通常与城市的性质、人口规模、经济发展水平、第三产业发展水平等因素相关，因此预测中多采用单因子相关系数预测法或综合因子相关系数预测法。

（2）电话。电话需求量的预测包括电话用户预测及话务预测，我国采用电话普及率来描述城市电话发展的状况。具体的预测方法有简易相关预测法、社会需求调查法、单耗指标套算法等。

（3）移动通信。移动通信系统容量的预测通常采用移动电话普及率法，以及移动电话占市话百分比法等方法。

在进行城市通信工程系统规划时，需要根据城市的实际情况和发展趋势，确定规划期内城市通信的发展目标。在此基础上，要合理确定邮政、电信、广播电视等各种通信设施的规模、容量，并科学布局各类通信设施和通信线路。同时，要制订通信设施综合利用对策与措施，以及通信设施的保护措施，以确保通信系统的可持续发展。

6. 城市通信设施规划

城市通信设施规划包括邮政局所规划、电话局所规划，以及广播电视台规划。城市邮政局所通常按照等级划分为市邮政局、邮政通信枢纽、邮政支局和邮政所。邮政局所的规划主要考虑其本身的营业效率及合理的服务半径，根据城市人口密度的不同，其服务半径一般在 0.5 ～ 3 km，对于我国常见的人口密度为 1 万人 /km² 的市区，其服务半径通常按 0.8 ～ 1 km 考虑，邮政通信枢纽的选址通常靠近城市的火车站或其他对外交通设施；一般邮政局所的选址则应靠近人口集中的地段。邮政局所的建筑面积根据局所等级而变化，一般邮政支局在 1500 ～ 2500 m²；邮政所在 150 ～ 300 m²。邮政局所建筑物可单独建设，也可设置在其他建筑物之中。

电话局所起到的是电信网络与终端用户之间的交换作用，是城市电话线路网设计中的一个重要组成部分。在电话局选址时，需要考虑用户的分布情况，以便让其尽量处于用户密集的区域或线路网中心，同时还需要考虑到运行环境和用电条件等因素。

广播、电视台（站）主要承担节目制作、传送、播出等功能，在选址时应以满足这些功能为主要条件。广播、电视台（站）的占地面积与其等级、播出频道数、自制节目数量等因素有关，一般在一至数公顷的范围内。

7. 城市有线通信网络线路规划

城市有线通信网络是城市通信系统的基础和主体，其种类繁多。

（1）按照功能分类。分为市内电话、长途电话、移动电话、有线电视、有线广播、国际互联网等。

（2）按照线路所使用的材料分类。分为光纤、电缆、金属明线等。

（3）按照敷设方式分类。分为地下管道、直埋、架空、水底敷设等。

电话线路是城市通信网络中最为常见也是最基本的线路，一般采用电话管道或电话电缆直埋的方式，沿城市道路铺设于人行道或非机动车道的下面，并与建筑物及其他管道保持一定的间距。由于电话管道线路自身的特点，平面布局应尽量短直，避免急转弯。电话管道的埋深通常在 0.8 ～ 1.2 m；直埋电缆的埋深一般在 0.7 ～ 0.9 m。架空电话线路应尽量避免与电力线或其他种类的通信线路同杆架设，如必须同杆时，需要留出必要的距离。

城市有线电视、广播线路的敷设和城市电话线路基本相同，但需要注意以下要点。

（1）在路由规划时要考虑到有线电视、广播线路的分布情况，使其能够覆盖到所有需要的地区。

（2）在敷设线路时，需要采用适当的敷设方式和材料，管道、直埋、架空、水底敷设等。此外，对于已有的电话管道，可以利用其进行敷设，但不应同孔。

（3）随着信息传输技术的不断发展，利用同一条线路传输电话、有线电视、国际互联网信号的“三线合一”技术已经成熟，可望在未来得到广泛应用。

8. 城市无线通信网络规划

城市中的移动电话网根据其单个基站的覆盖范围分为大区制、中区制、小区制。大区制系统的基站覆盖半径为 30 ～ 60 km，通常适用于用户容量较少（数十至数千）的情况。小区制系统是将业务区分成若干个蜂窝状小区（基站区），在每个区的中心设置基站。基站区的半径一般在 1.5 ～ 15 km。每间隔 2 ～ 3 个基站区无线频率可重复使用。小区制系统适合于大容量移动通信系统，其用户可达 100 万。我国目前所采用的 900 MHz 移动电话系统就是采用的小区制。

中区制系统的工作原理与小区制相同，但基站半径略大，一般为 15 ～ 30 km。中区制系统的容量要远低于小区制系统，用户一般在数千至一万户。

在城市通信工程系统规划中，无线寻呼业已经不再是主要的通信方式，移动电话等新型通信技术早已经取代了无线寻呼业的地位。而广播电视信号通常通过微波传输，因此城市规划需要保障微波站之间的通道以及微波天线附近的净空区不受物体的遮挡。这可以通过合理的微波站选址、通道布局和建筑物规划等措施来实现。特别是微波天线近场净空区的保护，需要结合城市建筑物、道路、绿地等要素，合理规划、设计和布置，以确保微波信号的传输质量和稳定性。

（二）城市能源供给工程系统规划

1．城市供电工程系统规划

（1）城市供电工程系统的构成和功能。城市供电工程系统主要包括城市电源工程和城市输配电网络工程，具体如下。

①城市电源工程。城市电源工程是城市电力系统的基础设施，包括城市电厂、区域变电所等电源设施。城市电厂是为本城市服务的火力、水力、核能、风力、地热等发电厂，可以自行发电或从区域电网上获取电源，为城市提供电力。区域变电所则是区域电网上供给城市电源所接入的变电站，一般采用高压或超高压电压等级。城市电源工程的建设与规划需要考虑到城市用电负荷的需求，以及电源的可靠性、经济性和环境影响等因素。

②城市输配电网络工程。城市输配电网络工程是将电力从城市电源输送到城市各个配电站，并通过城市配电网向用户供电的系统。城市配电网由城市变电所、配电变压器、低压配电线路、配电盘等设施组成，通过输电线路将电能输送到城市变电所，再由城市变电所通过变压器将电压变低并传送到城市各个配电站，最终通过低压配电线路送电给用户。城市输配电网络工程是城市电力供应的基础设施，对城市的供电质量、稳定性和可靠性具有重要的影响。

城市配电网由高压、低压配电网等组成。高压配电网电压等级为 1 ～ 10 kV，含有变配电所（站）、开关站、1 ～ 10 kV 高压配电线路。高压配电网具有为低压配电网变、配电源，以及直接为高压电用户送电等功能。高压配电线路通常采用直埋电缆、管道电缆等敷设方式。低压配电网电压等级为 220 V ～ 1 kV，含低压配电所、开关站、低压电力线路等设施，具有直接为用户供电的功能。

（2）城市供电工程系统规划的主要任务。城市供电工程系统规划的主要目的是确保城市电力供应的可靠性、安全性和经济性。规划需要综合考虑城市电力需求、电力资源、电力负荷等因素，合理安排电源、变电设施和输配电网络的布局和容量。在规划中，需要制定相应的技术和管理措施，保障电力系统的稳定运行，并且对电力设施和电力线路进行保护，防止发生安全事故和供电中断。

（3）城市供电工程系统规划主要包括总体规划和详细规划两方面的内容。

①城市供电工程系统总体规划的主要内容包括：确定用电标准，预测城市供电负荷；选择供电电源，进行供电电源规划；确定城市供电电压等级和变电

设施容量、数量，进行变电设施布局；布局高、中压送电网和高压走廊；布局中、低压配电网；制定城市供电设施保护措施。

②城市供电工程系统详细规划的主要内容包括：计算供电负荷；选择和布局规划范围内的变配电设施；规划设计高压配电网；规划设计低压配电网。

（4）城市供电网络规划。在城市供电规划中，根据供电设施的功能及其电压等级，电力系统可分为：一次供电网、二次供电网和配电网。按照我国现行标准，供电电网的电压等级分为八类，分别是1000 kV、750 kV、500 kV、330 kV、220 kV、110 kV、35 kV和10 kV。高压配电为10 kV；低压配电为380/220 V。

城市供电网络的接线方式是指供电网线路的布置方式，其主要包括放射式、多回线式、环式和网格式等。

城市供电网络通过网络中的变电所与配电所将高压电降为终端用户所使用的低压电（380/220 V）。变电所的合理供电半径主要与变电所二次侧电压有关，二次侧电压越高，其合理供电半径就越大。

（5）城市电力线路规划。城市电力线路可以按照其功能和敷设方式进行分类。

①按照功能划分，电力线路可以分为高压输电线路和城市送配电线路。

②按照敷设方式划分，电力线路可以分为架空线路和电力电缆线路：架空线路通常采用铁塔、水泥或木质杆架设，适用于10 kV以上的高压电力线路，对于架空线路，特别是穿越城市的高压电力线路，必须设置安全防护距离，确保线路周围不出现任何影响线路安全的建筑物、植物或其他架空线路；电力电缆线路适用于城市中心区或建筑物密集地区的10 kV以下的电力线路。

城市规划需要考虑到高压电力线路与其他建筑物、植物等的安全距离，而在高压线穿越市区的地方则需要设置高压走廊（或电力走廊），以确保线路与其他物体的距离。高压走廊的宽度需要根据线路电压、杆距、导线材料、气象条件等进行计算，但也可根据经验值选用。此外，高压输电线与各种地表物的最小安全距离，以及低压配电线路与铁路、道路、河流、管道、索道等交叉或接近时的距离也需要考虑。

2．城市燃气工程系统规划

（1）城市燃气工程系统的构成和功能主要有以下几点。

①城市燃气气源工程。城市燃气气源工程是为城市提供燃气的重要基础设施，它包括多个设施，如煤气厂、天然气门站、石油液化气气化站等，这些设施可以生产、收集、储存和分配燃气。煤气厂可以通过炼焦、直立炉、水煤气、油制气等方式制气。天然气门站可以收集本地或远距离输送来的天

然气。石油液化气气化站是一种没有天然气或煤气厂的城市管道燃气的气源。通过这些设施，城市可以获取可靠的燃气气源，以满足城市居民和工业生产的需要。

②燃气储气工程。燃气储气工程的主要作用是在供气压力稳定的情况下，调节储存燃气的储气罐内气体的压力，以便满足城市日常和高峰时的用气需求。同时，石油液化气储存站还可以存储液化石油气，以满足城市液化气气化站和石油液化气供应站的需求。在储气站中，燃气通过压缩或液化的方式进行储存，同时设有调节阀门和压力表等设施，以便对储存的燃气进行调节和监测。这些设施的运作可以保证城市燃气供应的稳定性和安全性。

③燃气输配气管网工程。燃气输配气管网工程包括燃气调压站、不同压力等级的燃气输送管网、配气管道等设施。燃气调压站主要用于将输送来的燃气或储存的燃气压力升降到适合燃气输送和使用的压力。不同压力等级的燃气输送管网负责将燃气从气源处或储气站输送到城市各地，以满足城市对燃气的需求。配气管道则将燃气输送到各个用户终端，以供用户使用。燃气输配气管网工程具有为城市提供稳定、安全的燃气供应的功能。

（2）城市燃气工程系统规划的主要任务有以下几点：

①选择城市燃气气源，合理确定用气标准和预测用气负荷，进行城市燃气气源规划。

②确定各种供气设施的规模和容量，如煤气厂、天然气门站、液化气气化站等。

③选择并确定城市燃气管网系统，包括燃气调压站、燃气输送管网和配气管网。

（3）城市燃气工程系统规划的主要内容包括以下几方面：

①城市燃气工程系统总体规划的主要内容包括：确定供热对象和供气标准，预测燃气负荷；选择气源种类，进行城市燃气气源规划；确定城市气源设施和储配设施的容量、数量和位置；选择燃气输配管网的压力级制、布局输配气管网；制定城市燃气设施的保护措施。

②城市燃气工程系统详细规划的主要内容包括：计算详细规划范围内的燃气用量；规划布局燃气输配设施，确定其容量、位置和用地范围；规划布局燃气输配管网；计算燃气管网管径；科学布置气源产、供气设施和输配气管网，制订燃气设施和管道的保护措施。

（4）城市燃气气源规划。

城市燃气气源规划的主要任务包括选择适宜的燃气种类和相应的设施，以满足城市燃气的需求。不同的燃气种类和设施有着不同的特点和优缺点，需要综合考虑城市燃料资源状况、用气标准、用气负荷、经济效益等方面的因素进行规划。人工煤气设施包括不同类型的煤气厂，液化石油气设施包括储存、储配、灌瓶、气化和混气等站点，而天然气设施则可以采用管道输送方式或液化天然气方式进行储配和气化等工艺。规划要考虑到气源的安全、可靠、环保等因素，以及在燃气供应过程中可能出现的问题，如管道泄漏、设备故障等。

（5）城市燃气输配系统规划。

城市燃气输配系统是由城市燃气储配设施和输配管网组成的，其中燃气储配设施主要包括燃气储存站和调压站：①燃气储存站。其主要功能是储存并调节燃气的峰谷，将不同种类的燃气混合，以达到合适的燃气质量，并为燃气输送加压。城市燃气管道一般分为高压燃气管道（0.4 ～ 1.6 MPa）、中压燃气管道（0.005 ～ 0.2 MPa）以及低压燃气管道（0.005 MPa 以下）；②调压站。其主要功能是用来调节燃气的压力，在不同等级压力管道之间进行转换，以起到稳压和调压的作用。

（三）城市给水排水工程系统规划

1．城市给水工程系统规划

（1）城市给水工程系统规划的主要任务。城市给水工程系统规划的主要任务是通过合理选择水源，科学规划管网布局和设施容量，满足城市居民对高质量、高压力、稳定供水的需求，并保障城市水资源的合理利用和保护。规划需要考虑城市用水量预测、水质监测、供水标准制定、管网系统规划、自来水厂设计等方面，以实现城市给水工程系统的可持续发展。同时，城市给水工程系统规划也应考虑水资源的节约利用、水环境保护和灾害防治等问题，以确保城市水资源的安全性和可靠性。

（2）城市给水工程系统规划的主要内容包括以下方面。

①城市给水工程系统总体规划的主要内容包括：确定城市用水标准，预测城市总用水量；平衡供需水量，选择水源，进行城市水源规划；确定给水系统的形式、水厂供水能力和用地范围；布局供水重要设施、输配水干管、输水管网；制定水源保护和水源地卫生防护措施。

②城市给水工程系统详细规划的主要内容：计算详细规划范围的用水量；布置详细规划范围的各类给水设施和给水管网；计算输配水管管径；选择供水管材。

（3）城市给水系统的用水类型包括以下几种：

①生活饮用水。生活饮用水包括居住区居民生活饮用水、工业企业中职工生活饮用水、淋浴用水及公共建筑用水等，以 L/（人 · d）作为单位。由于各地气候条件、居民生活习惯和室内卫生设备不同，生活用水定额差异较大。

②生产用水。生产用水是广泛应用于各种行业的，如造纸、纺织、炼钢、机械设备等。这些行业在生产过程中需要大量的水来进行洗涤、净化、印染、冷却等工序。不同行业对水质、水量、水压的要求各不相同，因此在进行给水规划时，必须对各行业的生产工艺及用水情况进行调查研究，并综合制定指标以满足生产要求。

③市政用水。市政用水主要包括园林绿化、植树等用水，以及街道洒水等。随着城市的发展和生活水平的提高，这部分用水需求将不断增加。规划应该结合实际情况，确定合理的用水量。一般来说，道路洒水可采用每次 1 ～ 1.5 L/m² 的标准，每天浇洒 2 ～ 3 次；绿地浇水可按每日 1 ～ 2 L/m² 计算。

④消防用水。消防用水是指供消火栓使用的用来扑灭火灾的水，在发生火灾时才允许使用。消防给水设备可以与城市生活饮用水给水系统统一起来考虑，在消防过程中可加大生活饮用水的水量、水压以满足消防用水的要求。消防用水对水质无特殊要求，消防用水量是根据城市的大小、工矿企业的性质和规模、居住人数和建筑物的防火等级而确定的，一般为最高日用水量的 10% ～ 20%。在预测消防用水量时，应考虑火灾规模、持续时间和可能发生的火灾次数，附加水量按规范规定。

（4）城市水源规划。城市水源规划的主要任务是根据城市所在地的地理条件、气候特征、水文地质条件、水资源利用状况等方面，确定适合城市的水源类型和水源地点。在选择城市水源时，应综合考虑水源的水质、水量、水源稳定性等因素。

①要保证水源水质符合国家和地方的水质标准，以保证供水的安全和卫生。

②要考虑水源的水量是否满足城市的用水需求，并确保水源供应的稳定性。

③要考虑水源的保护和管理措施，防止水源受到污染和破坏，保证水源的可持续利用。

同时，城市水源规划还应考虑水源与城市供水系统的配套规划，如水厂、输水管道等建设，保障水源能够顺利投入城市供水系统，应从以下几个方面考虑：

①具有充沛、稳定的水量，可以满足城市目前及长远发展的需要。

②具有满足生产及生活需要的水质。

③取水地点合理，可免受水体污染以及农业灌溉、水力发电、航运及旅游等其他活动的影响。

④水源靠近城市，尽量降低给水系统的建设与运营资金。

⑤为保障供水的安全性，大、中城市通常考虑多水源分区供水。小城市也应设置备用水源。

城市水源规划不仅需要考虑城市供水的需求，还要从战略的角度做好水资源的保护与开发利用。我国整体上水资源缺乏，人均径流量仅为世界人均占有量的1/4，尤其在北方地区更是严重。除了采取节约用水、水资源回收再利用和域外引水等措施，还应该严格保护现有的水资源，避免污染。城市规划中应根据相关标准规范的要求，规定相应的水域或陆域作为地表水与地下水的水源保护区，并禁止在其中进行任何有悖于水质保护的活动。

（5）城市给水工程设施规划。城市给水工程系统包括取水工程、水处理（净水）工程、输配水工程等环节。其主要任务是将自然水体获取水经过净化处理，达到使用要求后，通过输配水管网输送到城市中的用户中。各个环节的规划概要如下：

①取水工程设施规划。取水工程设施规划是指对城市用水所需的地下水取水构筑物和地表水取水构筑物进行规划和设计，以实现从水源中取水的目的。地表水取水口通常设置在城市上游水文条件稳定、水质较好的河段，远离排污口和其他污染源。

②净水工程设施规划。净水工程设施（水厂）的主要目的是将原水经过一系列处理工艺，包括澄清、过滤、消毒、除臭、除味、除铁、除锰、除氟、软化和淡化除盐等，使其达到可供饮用或生产需要的水质标准。水厂的选址要考虑工程地质条件、环境卫生和安全防护、交通便利以及接近电源等因素。水厂的用地规模一般为每日处理水量的 $0.1 \sim 0.8m^2/m^3$，取决于水质、处理工艺和设备选型等因素。在水厂的设计和建设过程中，需要严格遵守国家相关的规范标准，确保净水工程设施的水质达标、稳定运行，以满足城市用水的需求。

③输配水工程设施规划。其任务是保障经净化处理的水输送到城市中的每个用户中，通常包括输外管渠、配水管网、泵站、水塔及水池等设施。

（6）城市给水工程系统的布置形式包括五种：

①统一给水系统。采用一个水源供给生活、生产、消防等需要不同水质、供水量的用水，通过简单的处理工艺满足各种用水需要。该系统结构简单，投资和运营成本较低，适用于小城镇、开发区等规模较小的地区。

②分质给水系统。这种供水方式是根据不同的用水需求，采用多种水质标准及处理方式，将供水系统分为多个子系统进行供水。通过这种方式，可以充分利用水资源，满足不同行业、不同人群对水质、水量等不同的需求。同时，也可以降低净水成本，提高供水系统的效率。不过，这种供水方式会增加系统的复杂度，需要更多的管理和维护工作。适用于水资源紧缺、工业用水量大的城市。

③分区给水系统。分区供水是指将城市供水工程系统按照地域划分为几个

相对独立的区域，每个区域单独设置一个水源或水厂，然后再将各个分区通过管网连接起来，实现供水的方式。分区供水根据各个分区与总泵站的关系又可分为“并联分区”和“串联分区”。

④循环给水系统。生产废水经处理后的循环使用，以及城市中水系统均可看作循环给水系统，对水资源的节约和再利用具有较强的现实意义。

⑤区域性给水系统。对于流域污染严重或水资源严重匮乏地区的城市，可根据实际情况由多个城镇联合建设给水系统。

（7）城市给水管网的构成。给水管网、泵站、水塔、水池等附属设施组成。其中，输水管渠主要是将经过处理的水由水厂输送到给水区，而给水管网则将水配送到每个具体的用户。给水管网的管线可分为干管、分配管（配水管）和接户管（进户管）三个等级。干管是指直径较大，用于承载主要的水流量，分配管则是用于将水流分配到不同的区域和用户，直径较小，而接户管则是将水分配到具体用户的管道，直径最小。根据管线在整个供水管网中所起的作用和管径的大小，不同等级的管线会被安排在合适的位置和角色。此外，泵站、水塔和水池等设施则起到了保证供水压力和水量稳定的作用。

（8）给水管网布置的基本要求有以下几点：

①输水管。从水源地到工厂，水厂到配水管线或水源地直接接到配水管线，主要起输水作用的管线，称为输水管。

输水管线的布置是城市供水工程设计中非常重要的一环，其主要要求包括：管线的走向应尽可能地沿着道路敷设，以便于施工和维护；考虑地形因素，尽量采用重力流输水，以降低输送过程中的能耗和成本；考虑施工方便和投资成本，选择合适的输水管线线路；在选择输水管线条数时，需要根据给水系统的重要性进行合理选择，并在管线之间设置连通管以确保供水的连续性和可靠性。

②配水管网。配水管网的布置应该考虑以下五个方面：根据不同地域和用水需求确定管网结构和管径，保证水流的稳定和均衡；为了减少管网的压力损失，应尽量减少弯曲和分支，使管线直线化，并增设减压阀等附属设施；为了保证用水质量，应设置适当的水质监测点，对管网中的水质进行实时监测和调节；为了提高供水的可靠性，应采用多层次和多种供水方式，如干管、分配管和接户管相结合，增加供水的备选路线，以减少因管网故障而造成的停水事故；应根据城市规划及用水需求的变化，及时调整管网结构，保证管网的可持续发展。

（9）给水管网的形式主要有两种，具体如下。

①树状管网。树状供水管网是从供水中心点向各个用户散开的布局形式，

类似于树干与树枝的结构，管线总长度相对较短，因此具有节约管线材料、降低造价等优点。但是由于该布置形式下用户之间的相互联系较少，当某个分支管线发生故障时，就会对该分支管线下的用户造成供水中断，可靠性较差。因此，树状供水管网适用于刚开始建设的小型城市或城镇，可逐渐改造成为环状或网状结构。

②环状管网。环状供水管网系统的特点是管线之间相互连接、相互支援，形成了复杂的网络结构。当某个管线出现故障时，可以通过其他管线的支援，快速实现供水的恢复，提高了供水的安全性和可靠性。此外，环状供水管网系统还具有管网紧凑、用地面积小等优点，适用于供水量大、城市规模大的情况。

以上两种给水管网的布置形式并不是绝对的，同一城市中的不同地区可能采用不同的形式。城市在发展过程中也会随着经济发展，逐步将树状系统改造成环状系统。

此外，给水管网系统中还包括了泵站、水塔、水池、阀门等附属设施，在规划中也需要对其位置、容量等予以考虑。

2．城市排水工程系统规划

（1）城市排水工程系统规划的主要任务。城市排水工程系统规划旨在保障城市污水与降水的有效处理和排放，同时减少对环境的污染和破坏，保障城市环境的卫生和健康。规划的主要内容包括以下几点：

①确定污水和降水的产生量和性质，制定相应的处理标准和流程。

②设计污水处理厂（站）和收集系统的规模和容量。

③确定排涝泵站和雨水排放设施的规模和位置。

④规划污水管网的布局和管径等的参数。

⑤制定管理和监测措施，确保排水系统的正常运行和污染物的排放符合标准。

总之，城市排水工程系统规划是一个涉及多方面的复杂任务，需要充分考虑城市的实际情况和未来的发展需求。

（2）城市排水工程系统总体规划的主要内容包括以下方面：

①确定排水体制。

②划分排水区域，估算雨水、污水总量，制定不同地区污水处理排放标准。

③进行排水管、渠系统规划布局，确定水闸，雨、污水主要泵站数量、位置。

④确定排水设施和污水处理设施的数量、规模、处理等级，以及用地范围。

⑤确定排水干管、渠的走向和出口位置。

⑥提出污水综合治理利用措施。

（3）城市排水工程系统详细规划的主要内容有以下几点：

①计算详细规划内雨水排放量和污水量。

②确定规划范围内管线平面位置、管径、主要控制点标高。

③提出污水处理工艺初步方案。

（4）城市排水体制的类型。城市排水系统需要排放的内容包括生活污水、生产废水、降雨水等。其中，生活污水和生产废水需要经过处理后才能排放到自然水体中，而降雨水则可以直接排放。同时，工业废水可以通过简单处理后再次利用，而不需要排放。城市排水系统规划需要考虑这些不同类型的排水需求，并制订相应的处理和利用方案，以实现城市排水的合理处理和利用。

①合流制排水系统。将生活污水、工业废水和雨水汇集到同一种管渠内来输送和排除的系统称为合流制排水系统，根据生活污水、工业废水及雨水收集和处理的方式不同，又可分为直泄式合流制、截流式合流制、全处理式合流制。直泄式合流制是指管渠系统的布置就近坡向水体，分若干个排水口，混合的污水未经过处理直接排入水体的排水系统；截流式合流制是指管渠系统的布置就近坡向水体，在临近河岸边建造一条截流干管，同时在截流干管处设置溢流井，并设置污水处理厂的排水系统；全处理式合流制是指雨水、生活污水、工业废水采用同一种管渠混合汇集后，全部送至污水处理厂处理后再排放的排水系统。

②分流制排水系统。将生活污水、工业废水和雨水分别采用两个或两个以上各自独立的管渠来收集排除的排水系统称为分流制排水系统。通常把用以汇集排除生活污水和工业废水的排水系统称为污水排水系统，而把用于汇集排除雨水的排水系统称为雨水排水系统。由于排水的方式不同，此种体制又可分为完全式分流制和不完全式分流制。完全式分流制是指具有设置完善的污水排水系统和雨水排水系统的一种排水体制；不完全式分流制是指具有设置完善的污水排水系统，而未建雨水排水系统的一种排水体制。此种体制雨水沿天然地面、街道边沟、水渠等原有渠道系统排泄。或者为了补充原有渠道系统输水能力的不足而修建部分雨水道，待城市进一步发展后再修建雨水排水系统，使其转变成完全分流制。

③混合制排水系统。混合制排水系统将分流制和合流制排水系统结合在一起，既有将雨水和生活污水分别排放的分流制，又有将雨水和生活污水混合在一起排放的合流制。这种排水体制在一些城市中因为历史原因或者城市地理条件等因素而产生，具有一定的局限性和缺陷，需要进行有针对性的规划和设计。

（5）排水体制的优缺点。直排式合流制排水系统中，生活污水和雨水混合在一起，排放到水体中会导致水体污染严重，对水环境造成严重的危害。而截流式合流制排水系统通过在雨水与生活污水汇流处设置拦污设施，能够在雨水过程中截留污水，避免直接排放到水体中，但在强降雨时，拦污设施会失效，部分混合污水仍然可能流入水体中，对水体造成一定程度的污染。

完全分流制排水系统是将生活污水、工业废水和雨水分开收集处理的一种排水系统，卫生条件相对较好，但投资较大。不完全分流制排水系统投资较少，主要用于地形合适、水系完善的地区，但在雨水排放时存在初期雨水污染问题。在新建城市和重要工矿企业中，一般应采用完全分流制排水系统，而对于节省投资和满足排水需求较少的地区，不完全分流制排水系统是一种可选方案。同时，在一些地形平坦、多雨易积水的地区，不宜采用不完全分流制排水系统。

（6）排水体制选择要点要注意以下四个方面：

①环境保护方面。截流式合流制与完全分流制都有其优缺点，选择合适的排水体制需要综合考虑各种因素。在城市规划中，应充分考虑水环境容量和环境保护要求，尽可能采用完全分流制来减少雨水对水体的污染，但也要根据实际情况综合考虑，如地形条件、气候等因素，选择合适的排水体制。同时，需要在排水系统设计中加入合理的溢流池、溢流井等设施，以减少排放对水体的影响。

②工程投资方面。合流制的管渠总长度较短，但是由于需要建设泵站和污水处理厂，造价比分流制要高。而不完全分流制由于只建设污水排除系统而缓建雨水排除系统，虽然初期投资费用较低，但是需要进行后期改造和升级，反而增加了运营成本和投资费用。因此，在选择城市排水体制时，需要综合考虑各种因素，进行技术经济比较，并根据城市特点和实际情况确定最合适的排水体制。

③近、远期关系方面。在选择排水体制时需要考虑城市规划的发展需要，根据不同区域的地形、污染程度、建设进度等因素综合考虑。在新区开发中可以采用分期建设的方式，先建污水管网再建雨水管网；而在地形平坦、污染程度高的区域，可以选择合流制排水体制。同时，需要注意前期工程与后期工程的衔接，做好规划设计的分期协调，确保系统的全面应用。

④施工管理方面。合流制管线单一，减少了与其他地下管线、构筑物的交叉，管渠施工较简单。但合流制的污水处理厂需要处理大量雨水，处理压力较大，运行成本高。分流制污水处理厂只需处理污水，处理压力小，运行成本相对较低。另外，分流制还能更好地控制雨水和污水的分离和处理，降低对环境的影响。

总之，一般新建的排水系统宜采用分流制；但在附近有水量充沛的河流或近海、发展又受到限制的小城镇地区，在街道较窄、地下设施较多、修建污水和雨水两条管线有困难的地区，或在雨水稀少、废水全部处理的地区等，采用合流制是有利的。

城市采用混合制的排水系统，是因为城市建设和发展的历史原因，各地区的自然条件和建设情况不同，需要根据实际情况采取不同的排水体制。城市发展初期，由于资金限制和水环境较好，多采用成本较低的合流制或直排式，随着城市的发展和水环境的恶化，逐渐加强污水截流，采用分流制。新建城区通常直接采用分流制，而旧城区则需要进行改造，从合流制改为分流制，或者实行混合制。因此，采用混合制排水系统，可以根据城市不同地区的实际情况和发展阶段，灵活选择不同的排水体制，取得最佳的经济和环境效益。

（7）城市排水量估算。城市污水的排放和处理是城市环境保护的重要组成部分。在规划和设计城市污水处理设施时，需要准确估算城市污水量。目前常用的估算方法有累计流量计算法和综合流量法。累计流量计算法简单易行，但其计算结果往往偏高，容易导致污水处理厂规模偏大，增加投资和工程量。相对而言，综合流量法更为准确，其基本思想是根据各种污水流量的变化规律及各种污水最高流量出现的时刻，求得最高日最高时污水流量的方法。通过这种方法来规划城市污水处理厂规模，更切合实际。

除了城市污水量，雨水量也是城市排水系统设计的重要参数之一。城市的雨水量估算需要按照当地的雨量公式来计算。这些公式通常由气象部门提供。根据当地的气候条件和历史降雨数据，可以推算出不同频率和持续时间的暴雨事件对应的降雨量。这些数据可以用于设计城市排水系统和防洪设施，确保城市排水系统的正常运行和水资源的合理利用。

（8）城市排水工程系统布局。城市排水主要依靠重力使污水自流排放，必要时才采用提升泵站和压力管道，因此，城市排水工程系统的布局形式与城市的地形、竖向规划、污水处理厂的位置、周围水体状况等因素有关。

①正交式布置。排水管道沿适当倾斜的地势与被排放水体垂直布局，通常仅适用于雨水的排放。

②截流式布置。这种系统实际上是在正交式的基础上沿被排放水体设置截流管，将污水汇集至污水处理厂处理后再排入水体。这种布置形式适用于完全分流制及截流式合流制排水系统，对减少水体污染起到至关重要的作用。

③平行式布置。是在地表坡降较大的城市，为避免因污水流速过快而对排水管壁的冲刷，采用与等高线平行的污水干管将一定高程范围内的污水汇集后，再集中排向总干管的方式。也可以看作一种几个截流式排水系统通过主干管串联在一起的形式。

④分区式布置。在地形起伏较大，污水处理厂又无法设在地形较低处时所

采用的一种方式。将城市排水划分为几个相互独立的分区，高于污水处理厂分区的污水依靠重力排向污水处理厂；而低于污水处理厂分区的污水则依靠泵站提升后排入污水处理厂，从而减轻了提升泵站的压力和运行费用。

⑤分散式布置。当城市因地形等原因难以将污水汇集送往一个污水处理厂时，可根据实际情况分设污水处理厂，并形成数个相互独立的排水系统。

⑥环绕式布置。当上述情况下难以建立多个污水处理厂时，可采用一条环状的污水总干管将所有污水汇集至单一的污水处理厂。

3. 城市污水工程系统规划

（1）城市污水的类型。城市内的污水按其来源和特征的不同，可以分为生活污水、工业废水及降水三类。城市污水工程系统规划主要包括污水量估算、污水管网布局、污水管网水力计算、污水处理设施选址，以及排污口位置确定等内容。

①生活污水。生活污水是指人们日常生活中所产生的污水，包括厕所、洗衣、洗澡、洗碗等活动所产生的污水。这类污水含有大量的有机物、肥皂和合成洗涤剂等，同时还包括人类粪便和尿液等生活垃圾。生活污水中常常含有各种有害的病原微生物，如肠道传染病菌和寄生虫等，因此需要经过处理后才能排放到水体、灌溉农田或再利用。

②工业废水。工业废水是指在工业生产过程中所产生的废水，其中包含有机物、无机物、重金属等各种污染物。根据产生源头和污染物特征的不同，可分为生产废水和生产污水。生产废水是指在使用过程中只受到轻度污染的水，可以经过简单处理后重复使用，或直接排入水体。而生产污水则是指在使用过程中受到严重污染的水，其中的有害物质含量较高，需要经过适当的处理后才能排放或再利用。但有些生产污水中的有毒有害物质却是宝贵的工业原料，应尽可能回收利用。对于工业废水的治理，一般采用物理、化学和生物等多种方法，如沉淀、过滤、氧化、还原、吸附、膜分离、生物降解等。此外，对于特定的有害物质，还可以采用特殊的处理方法，如活性炭吸附、电解等。在工业废水治理中，应注意选择合适的处理方法，并确保处理后的废水达到排放标准，以减少对环境的污染。

③降水。降水是指在地面上流泻的雨水和融化了的冰雪水。它是一种比较清洁的水源，但是初降雨水可能会较为脏污。降水通常不需要进行处理，可以直接排放到水体中。由于降水的径流量比较大，如果不及时排泄，会对城市居住区、工厂、仓库等造成威胁，因此城市排水系统设计时需要合理安排雨水的排放和处理方式。常见的雨水处理方式包括雨水暗管系统和雨水花园系统，其中雨水暗管系统主要用于处理居民小区和商业综合体的雨水，而雨水花园系统则主要用于城市绿化和景观建设。

（2）城市污水量预测和计算。城市污水的排放量主要取决于城市的用水量。通常情况下，城市污水量占城市用水量的 70% ～ 90%。如果根据不同的污水种类进行分类，生活污水的排放量占生活用水量的 85% ～ 95%，工业废水的排放量则占工业用水量的 75% ～ 95%。需要注意的是，这种方法只是估算出城市污水的总排放量，而城市污水工程系统规划还需考虑到污水排放周期性变化的因素。

（3）城市污水管网布置。城市污水工程系统规划需要进一步具体确定污水管网的布局和设计。在设计中，需要考虑到污水管网的水力计算，确保排水系统的稳定和正常运行。同时，还需要选定污水处理设施的选址和规模，以及确定排污口的位置等。在规划设计时还应考虑到污水管网的建设周期和投资问题，合理规划工程建设阶段，以实现经济和环保的双重目标。

城市污水管道的设计要考虑到重力排放的原则，因此需要利用自然地形和管道埋深的调节来满足要求。一般来说，污水管道的管径较大、不易弯曲，通常会沿着城市道路进行敷设。管道一般会埋设在慢车道、人行道或绿化带的下方，其埋深一般为覆土深度的 1 ～ 2 倍，一般不超过 8 m。这种敷设方式可以保证管道的稳定性和运行安全，同时也不会对城市交通和环境造成太大的影响。

（4）城市污水的处理利用。通过城市污水管网排至污水处理厂的污水中含有大量的各种有害物质。这些有害有毒的物质通常包括有机类污染物、无机类污染物、重金属离子、有毒化合物，以及各种散发出气味、呈现颜色的物质。不同种类的污水所含有的有毒有害物质是不一样的。通常，生活污水中多含有有机污染物、致病病菌等；而生产污水中则根据不同门类的产业含有有机、无机污染物，有毒化合物及重金属离子等。通常污水处理的方法有以下几种。

①物理法：包括沉淀、筛滤、气浮、离心与旋流分离、反渗透等方法。

②化学法：混凝法、中和法、氧化还原法、吸附法、离子交换法、电渗析法等方法。

③生物法：活性污泥法、生物膜、自然处理法、厌氧生物处理法等方法。

污水处理根据处理程度的不同，通常分为以下三级：

①一级处理是基本的物理和化学处理，主要用于去除悬浮物、泥沙等物质，能有效地去除污水中的大部分污染物，使水体能够直接排放到河流或湖泊中。

②二级处理在一级处理的基础上，加入了生物处理技术，通过微生物降解有机物和氮、磷等营养物质，处理后的水质较为清洁，可用于农业灌溉、景观水等。

③三级处理在二级处理的基础上，加入了高级的物理、化学和生物处理技术，通过深度处理，处理后的水质可达到国家及国际标准，可直接用于城市绿化、工业用水和市政用水等。选择污水处理级别时需要考虑到排入水体的环境

容量、城市的经济承受能力，以及处理后的水是否重复利用等多方面的因素，从而实现最佳的经济和环境效益。

此外，在水资源匮乏地区，还可以考虑城市中水系统的建设。即将部分生活污水或城市污水经深度处理后用作冲厕、清洁及城市绿化灌溉用水，可以有效地做到水资源的充分利用，但需要敷设专用的管道系统。

（5）污水处理厂的选择应注意以下几点：

①应尽可能地少占农田，特别是不占良田。

②位于城市水源地的下游，并应设在城市工厂厂区及生活区的下游和夏季主导风向的下风侧。一般应在城市外，有 300 m 以上的防护距离。

③应尽可能靠近回收处理后污水的用户或排放口布置，以减少输送距离，提高运行效率。

④应避免放置在易被洪水淹没的地方。

⑤选择有适当坡度的地方，以便于污染处理构筑物的高程设计，减少土方量，降低工程造价。

⑥考虑远期发展的可能性，要留有扩建的余地。

同时，污水处理厂的布置包括处理构筑物、各种管渠、辅助建筑物、道路、绿化、电力以及照明线路的布置等。

4．城市雨水工程系统规划

城市雨水工程系统的主要功能是将地面径流雨水排放至自然水体，避免城市中出现积水或内涝现象。由于雨水径流量集中在较短时期内，很容易形成径流高峰。而城市中非透水性硬质铺装面积增大，蓄水洼地水塘减少，更加剧了径流的峰值。因此，城市雨水系统需要具有较强的排水能力，以应对突发性降雨。城市雨水工程系统包括雨水收集、雨水处理和雨水排放三个环节，主要设施有雨水收集管网、雨水处理设施、雨水贮存设施和雨水排放管网等。城市雨水系统的设计需要考虑城市地形、土壤类型、雨水径流特征等因素，制订合理的方案，以保障城市正常运行和居民的生活质量。

城市雨水工程系统由雨水口、雨水管渠、检查井、出水口以及雨水泵站等所组成。城市雨水工程系统规划主要包括以下五个方面。

①选用符合当地气象特点的暴雨强度公式以及重现期（该暴雨强度出现的频率），确定径流高峰单位时间内的雨水排放量（通常以分钟为单位）。

②确定排水分区与排水方式。排水方式主要有排水明渠和排水暗管两种，城市中尽量选择后者。

③进行雨水管渠的定线。雨水管依靠重力排水，管径较大，通常结合地形埋设在城市道路的车行道下面。

④确定雨水泵房、雨水调节池、雨水排放口的位置。城市雨水工程系统规划要尽量利用城市中的水面，调节降雨时的洪峰，减少雨水管网的负担，尽量减少人工提升排水分区的面积，但对必须依靠人工进行排水的地区需设置足够的雨水泵站。

⑤进行雨水管渠水利计算，确定管渠尺寸、坡度、标高、埋深以及必要的跌水井、溢流井等。

（1）城市雨污合流工程系统规划。在城市排水系统中，采用合流制排水系统是比较常见的一种排水方式，其中直排式合流制排水系统已经逐渐淘汰，而截流式合流制排水系统仍然有一定的应用。截流式合流制排水系统的原理是在没有雨水排放的情况下，将城市污水通过截流管道输入污水处理厂进行处理，而在降雨时，初期的混浊雨水仍然通过雨污合流排水管网及截流管排至污水处理厂处理。只有当降雨强度达到一定程度，进入雨污合流排水管网的雨水与污水的流量超过截流管的排放能力时，才会通过溢流井溢出，直接排放至自然水体。虽然在这个过程中溢流出的污水对环境造成一定的影响，但由于雨水的混合，溢流出的污水浓度已经降低，且可以节省排水管网建设的投资，适用于降雨量较少、排水区域内有充沛水量的自然水体的城市，以及老城区等进行完全分流制改造困难的地区。在实际应用中，截流式合流制排水系统的成功应用需要满足以下条件。

①需要在城市规划初期对排水系统的设计进行充分的考虑，将截流管道的位置、长度、管径等参数合理确定。

②在系统的建设中需要充分考虑降雨情况，对溢流井的位置和规模进行合理设计，以确保系统能够在降雨量较大时稳定运行，同时不会对环境造成过大的影响。

③需要建立科学的监测和管理体系，及时监测和管理系统的运行情况，保证系统的有效性和可靠性。

对于大量采用直排式合流制的旧城地区，将合流制逐步改为分流制是一个必然的趋势，但往往受到道路空间狭窄等现状条件的制约，只能采用合流制的排水形式。在这种情况下，保留合流制，新设截流干管，将直排式合流制改为截流式合流就是一个必然的选择。

工业废水及生产污水的排放对环境和公众健康有着较大的影响，必须严格控制和管理。除了采用合适的排放方式，工厂也应加强生产过程中对废水的管理，尽量减少废水的产生和排放。可以通过工艺优化、节约用水等方式来实现。同时，政府应制定和完善相关的法律法规，对工业废水和生产污水的排放标准和处理要求进行严格监管和管理，确保废水的排放符合环境和公共卫生的要求。

（2）排水管网规划要点包括以下方面：

①排水区界。排水区界是划定城市排水系统的边界，可以根据地形条件和城市规划来确定。排水区界的划分是排水系统设计的起点，需要结合地形起伏和城市的竖向规划来划分排水流域。在一般情况下，流域边界应该与分水线相符合。对于地形起伏和丘陵地区，流域分界线和分水线基本一致，而对于地形平坦，没有显著分水线的地区，则需要尽量让干管在最大合理埋深的情况下，让排水自流排出。排水区界的划分和排水流域的确定，对于城市排水系统的规划设计和运行维护具有重要的指导意义。

②排水管网规划的具体方法。首先，管网布置需要结合具体的地形地貌进行规划，充分利用地势低处，尽可能实现自然重力排水。在地形较为复杂的地区，可以将排水区域划分成几个独立的排水管网，以便更好地进行管网布置和管理。此外，还应考虑到城市的规模和用水量等因素，合理地规划管网的总长度、管道直径和排水能力等参数，以保证排水系统的正常运行和排放效果。其次，污水处理厂和出水口的位置与数量是决定污水主干管走向与数量的关键因素。在城市规划时，需要考虑到城市的用水量和排水量，以及污水处理厂的建设和布局。对于大城市或平坦的城市，由于用水量和排水量较大，通常需要建造多个污水处理厂，因此需要敷设多条主干管。而对于小城市或倾向于一侧的城市，则只需要建造一个污水处理厂，并敷设一条主干管。如果多个城镇共同建造一个污水处理厂，则需要建造区域性污水管道系统来连接各城镇的污水排放口。综上所述，污水主干管的走向与数量应根据具体情况进行规划设计。再次，管线布置应简洁顺直，尽量减少与河道、山谷、铁路及各种地下构筑物的交叉，并充分考虑地质条件的影响。排水管线一般沿城市道路布置。然后在管线布置时还需考虑到管道的深度和保护措施。一般来说，管道埋深越深越好，但过深又会增加建设难度和成本。因此，需要根据具体情况确定合理的埋深。同时，应考虑到管道的防腐、防蚀、防震、防渗漏等保护措施，以确保管道的正常使用寿命。在管道的交叉口、弯曲处、跨越河道等地方，还需考虑到特殊的管道结构和支撑方式。最后，在城市排水管网规划中，充分考虑水资源的保护和利用，注重排水系统在景观和防灾方面的功能。同时，需要将城市排水与防洪涝灾害、生态和景观建设结合起来，实现综合规划和统筹协调。在规划过程中，应充分利用现有的水系和水资源，同时保护其生态环境和景观价值。另外，在排水管网的规划中，也需要考虑防洪涝灾害的需要，合理规划雨水的收集和排放，以减轻城市的内涝风险。最终的目标是实现城市排水系统的可持续发展，为城市居民提供更加安全、健康和舒适的生活环境。

第七章

现代城市规划中园林景观设计的运用

第一节　城市广场景观设计

一、城市广场的功能与形式

（一）广场的功能与类型

广场作为城市的职能空间，通常具有组织集会、交通集散、居民游憩、商业买卖、文化交流等功能，在广场上安排一些有纪念意义或具有文化特征的建筑物或小品设施，人们在休闲和娱乐的同时还能享受到文化和艺术的熏陶。现在，大多数的广场是结合广大市民的日常生活和休憩活动，为满足居民对城市空间环境日益增长的审美艺术要求而兴建的，呈现出一种体现综合性功能的发展趋势。根据广场功能要求和空间特征的不同，广场可分为文化广场、纪念性广场、交通集散广场、游憩集会广场、商业广场、街道广场、建筑广场等各种类型的广场。广场通常位于城市的中心区域或城市规划的节点上，因此，广场的设计往往能直接影响城市规划和城市景观的设计。

1. 文化广场

文化广场也称市民广场，是城市居民的行为场所，一般位于城市的核心区，或存在于城市较大规模的文化、娱乐活动中心建筑群中，为广大市民集会、公共活动、信息发布提供了具有公共性质的交流平台。文化广场的周围一般围绕有各级政府行政办公建筑，如文化宫、美术馆、博物馆、展览馆、体育馆、图书馆等大型文化体育型公共建筑以及邮电局、银行、商场等公共服务型建筑。

文化广场是市民活动的中心区域，具有设置分散、服务便捷的特征。人们在广场上主要从事与文化有关的娱乐、学习等活动。因此，文化广场的设计要突出浓郁的文化气氛。相应地，广场上应配置露天舞台、音响、灯光、展窗等演出和观摩设施以及群众活动场所。另外，由于文化广场上人流量较大，因此交通问题显得十分重要。不仅要处理好广场附近的交通路线问题，还要考虑与城市其他地区交通干道的合理衔接，保证广场上的人车集散，组织好人车流动线。

2．交通广场

交通广场与城市的交通有着密切的关系，其主要功能是疏散、组织、引导交通流量和人流量，并有转换交通方式的功能。交通广场除解决交通问题之外，由于车辆及行人均相对较多，因此，广场上还应该设置足够的停车场位和行人活动区，为满足行人出行过程中的各种需求，广场上还应配置座椅、餐厅、小卖部、公厕、银行自动取款机等设施，为人们日常生活提供便利。

交通广场包括与城市道路相交的广场、车站广场、城市文化娱乐场所前的广场等，其中建于车站前的车站广场是最常见的一种交通广场类型。车站广场多与交通枢纽站相邻或相接，且与车站的出入口相通，可以更加有效地疏通车流和人流。车站广场的设计应考虑到人车分离的要求，以保证广场上的车辆畅通无阻，避免人、车混杂或相互交叉、阻塞交通，确保行人和乘客的安全，以及他们出行的便利与快捷。此外，车站广场的设置还应该考虑与附近交通枢纽车站、汽车停车场等场所建筑出入口的位置关系。

3．游憩集会广场

游憩集会广场是主要为市民提供集会、休闲、娱乐的室外活动空间，市政厅等行政办公建筑群中的广场一般都有游憩集会的作用。为满足平时人们休闲、娱乐、集会和游行等活动的需求，这类广场既要求有相应的适宜游行的面积，又要划分出多个小环境空间，为市民提供适宜的休闲场所。另外，路灯、桌椅、垃圾箱等也是广场上必不可少的公共设施。

4．纪念性广场

纪念性广场重点突出政治意义和特殊的纪念意义，是举行国家或城市重要庆典活动或纪念仪式的场所。若是围绕在艺术或历史价值较高的建设或设施中而形成的建筑广场，通常具有一定的纪念性，也都归于纪念性广场一类。

纪念性广场设计要求突出纪念主题，规划设计多采取中轴对称的布局，并注意等级序列关系以及用相应的标志、石碑、纪念馆等创造出与纪念主题一致的环境氛围，目的是强化纪念意义及给人们带来的感染力。然而，纪念广场上设置的构件也不能全都以具有纪念意义为主，因为这样就忽视了纪念广场的其他功能。因此，同时设置一些供人休息、活动的空间和公共设施也是非常有必要的，使人们既可以参观具有历史价值的建筑和历史文物等，又能体验到休闲、游玩的乐趣。

5．商业、街道广场

商业广场是人们以进行商品买卖为主的城市空间，大多位于城市商业区，形成商品买卖市场。不仅能够有效地组织商业街区的人流，还为城市民众提供了生活空间。这类广场附带着一系列的超市、餐厅、旅馆、百货商场、购物中心等商业建筑同时出现，除此之外，广场上还应设有相应的休息区，以分散商场人流，提供间歇场所。

街道广场是为行人提供休息、等候的场所，是道路人行系统中不可缺少的组成部分。街道广场的景观设计一般都倾向于绿化空间，在广场上种植树木、花草，设置公共座椅、喷泉、雕塑等辅助设施和装饰物，使街道空间充满生活气息并具有艺术情调。

（二）广场的形式

1．矩形广场

矩形广场形态严谨，缺少灵活变动的趣味，给人一种端庄、肃穆之感，因此，举行重要庆典或纪念仪式活动的广场多采用矩形广场形式。矩形广场的设计一般是在广场的四周建各种建筑物，留一处或两处出入口与城市道路相接，形成封闭或半封闭的广场空间。广场上以轴线方向或其他标准布置雕塑、喷泉、绿带、花坛、纪念碑等小品，营造出美观的环境效果。矩形广场的空间设计应当注意广场四周的建筑高度及风格相差不宜太大，广场上游戏设施、餐饮处、广告等不宜布置过多，以免给人造成混乱感。

2．圆形广场

圆形是几何图形中线条较为流畅的一种图形，而且具有其他图形不具备的向心性。圆形包括正圆和椭圆，中心可有无数条放射线向边沿发射，图形虽然相对简单，却充满轻松、活泼之感。圆形广场同样具有圆形的这些特征。

圆形广场一般位于放射型道路的中心点上，周围由建筑物围合，与多条放射型道路相连，构成开敞的空间。与矩形广场相比，圆形广场轴线感并不是那么强烈，却有着较强的圆润优美感，总能给人以轻松、活跃之感，而不会产生拘谨感。圆形广场的视觉焦点在圆形的圆心，因此，一般在广场中心布置的喷泉、雕塑、纪念碑等物往往会形成景观的焦点。为了使广场景观更加丰富，还可以将广场的平面设置成多个圆环相套的形式，形成圆环形布局。

3．正方形广场

正方形方方正正，是几何图形中最规整的一种图形，是一种“理智”的象征。正方形拥有四条相等的边，有两条中心线和两条对角线，是轴对称图形。正方形广场具有很强的封闭性，给人一种严整的感觉。

4．梯形广场

梯形好像是一个完整的矩形被切掉两个角，与矩形一样，有明显的轴线，可以看作由矩形演变而来的一种规整图形。梯形广场四周建筑物的分布往往能给人一种主次分明的层次感。如果将建筑物布置在梯形的底边上，能产生距离人较近的效果，突出整座建筑物的宏伟。另外，梯形广场由于有两条斜边，因此，人站在广场上，视觉上会产生不同的透视效果。

5．不规则型广场

不规则型广场是相对规则型广场而言的，既可以建在城市中心，也可以位于建筑前面、道路交叉口等位置，具体布局形式以结合地形或周围建筑物状况等综合考虑为准。

二、城市广场景观设计方法

（一）城市广场景观的设计原则

1．满足人在广场中的行为的心理

现代城市广场是为人们提供更方便、更舒适地参与多样性活动的公共空间。因此，现代城市广场的规划设计更要贯彻以人为本的原则，主要是对人在广场上活动的环境心理和行为特征进行研究。

2．城市空间体系分布的整体性

城市空间体系分布的整体性包括功能整体和环境整体两个方面。

（1）功能整体。功能整体指的是一个广场应有其相对明确的功能和主题。在这个基础上，辅之以相配合的次要功能，这样广场才能主次分明，特色突出。要考虑广场环境的历史文化内涵以及时空的连续性、整体与局部、周边建筑的协调变化有致等问题。

（2）环境整体。环境整体作为城市空间环境有机组成部分的广场，往往是城市的标志，是城市开放空间体系中重要的节点。城市中的广场有功能、规模、性质、区位等的区别，每一个广场只有正确认识自己的区位和性质，恰如其分地表达和实现其功能，才能共同形成城市开放空间的有机整体性。因此，对于不同功能、规模、区位的广场应从城市空间环境的角度进行全面把握。

3．讲究可持续发展的生态设计

过去的广场设计只注重硬质景观效果，大而空，植物仅作为点缀、装饰，疏远了人与自然的关系，缺少与自然生态的紧密结合。因此，现代城市广场设计应从城市生态环境的整体出发。

（1）用园林设计的手法，通过融合、嵌入、缩微、美化、象征等手段，在点、线、面不同层次的空间领域内，引入自然，再现自然，并与当地特定的生态条件和景观特点相适应，使人们在有限的空间中得以体会无限自然带来的自由、清新和愉悦。

（2）城市广场设计要特别强调生态小环境的合理性，既要有充足的阳光，又要有足够的绿化，冬暖夏凉，趋利避害，为居民的活动创造宜人的空间环境。

4．建设连续的步行环境

步行化是现代城市广场的主要特征之一，也是城市广场的共享性和良好环境形成的必要前提。随着机动车日益占据城市交通的主导地位，广场的步行化显得无比重要。广场空间和各种要素的组织应该支持人的行为，如保证广场活动与周边建筑及城市设施使用的连续性。在大型广场，还可以根据不同使用活动和主题考虑步行分区问题。

5．突出个性特色

所谓个性特色是指广场在布局形态与空间环境方面所具有的和其他广场不同的内在本质和外部特征。其空间构成有赖于它的整体布局和六个要素，即建筑、空间、道路、绿地、地形与小品细部的塑造。同时应特别注意与城市整体环境的风格相协调，否则广场的个性特色将失去意义。

6．重视并融合公众参与

调动市民的参与性可从以下几个关键方面着手。

（1）从需求出发，让广场关联到每个人，使更多人从更多方面参与到活动中。

（2）为人保留多种选择的自由性。

（3）作为活动的空间载体，要有丰富的文化内涵，使人既感受到文化的感染，又积极参与文化意义的认知和理解活动，使广场具有永久的生命力。

（二）城市广场景观的设计方法

1．广场与城市道路

作为城市广场，与城市道路的关系一般有三种，分别是广场本身作为城市道路、广场与城市道路相交、广场与城市道路脱离。

（1）广场本身作为城市道路。广场作为城市道路大多涉及街道式广场的类型，一般这种广场需要容纳较大的交通量，其城市性特征十分明显，广场界面与城市街道界面的连续性处理是设计的关键。

（2）广场与城市道路相交。城市中的广场大都与道路呈平行相交的关系。这样，城市主路带来的较大交通量，使与城市主路直接相交的广场均或多或少受到强烈的过境交通的影响。这对于广场活动和空间的封闭性显然不利。

（3）广场与城市道路脱离。除了直接与道路相交，许多城市广场的设置使主要道路从广场空间的旁边经过。因为这种方式既保证了广场与城市结构的紧密关系，也避免了过境交通对广场空间和活动造成的负面影响。广场显得封闭和安宁，但是相比与主路相交的广场，可达性略差，与城市道路的关系也相对较弱。

2. 广场与围合建筑

广场作为城市中最重要的开放空间，直观地讲，是通过周边建筑物、构筑物或其他围合要素对空间进行限定的结果。因此，广场周边围合建筑的风格、体量、比例、色彩以及对空间的围合程度都直接影响广场的空间品质。

（1）周边建筑的风格定位直接关系广场的形象，无论是中国古典风格还是现代风格的建筑，在进行广场的具体规划设计时，都要充分考虑与周边建筑在形象上的协调，使之成为联系城市不同建筑的空间媒介。

（2）适宜的广场基面的长宽比例介于 1：2 与 3：2 之间，即观察者的视角为 40° ～ 90° 。因此，周边围合建筑的体量和比例是确定广场规模大小的关键因素。

（3）广场围合常见的要素有建筑、树木、柱廊以及有高差的地形。因此，广场围合建筑在较大程度上影响广场的封闭感和开放性。一般来说，封闭感较好的广场能够给行人提供足够的安全感。在传统城市中较多出现三面或四面围合的广场，围合要素大多是建筑，它们往往具有良好的视觉比例关系，封闭感较好，具有极强的向心性和场所感。两面围合的广场则更多配合现代城市里的建筑设置。

3. 广场景观要素设计

（1）地形设计。地形不仅影响广场的功能布局，也影响人的动线组织。广场的地形有平面式和立体式两种，采用什么形式，主要是考虑广场的用途，如果是政治或纪念性广场，或者广场主要用于集会，人流量大，地形不宜起伏，一般采用平地广场形式。商业广场和街道广场一般要顺应地形的变化。为了营造层次丰富的空间效果，可以有意识地采取坡地形式。如果土地的地形起伏较大，可以考虑立体式。

（2）绿化设计。绿化是城市生态环境的基本要素之一。作为软质景观，绿化使城市空间越发显得狭窄，通过绿化的屏障作用可以减弱高层建筑给人的压迫感，增加空间的人性化尺度，并适当地掩蔽建筑与地面以及建筑与建筑之间不容易处理好的部位。

城市广场的绿化设计要综合考虑广场的性质、功能、规模和周围环境。广场绿地具有空间隔离、美化景观、遮阳降尘等多种功能。应该在综合考虑广场功能空间关系、游人路线和视线的基础上，形成多层次、观赏性强、易成活、好管理的绿化空间。一般来说，公共活动广场周围宜栽种高大乔木，集中成片的绿地不小于广场总面积的25%，并且绿地设置宜开敞，植物配置要通透疏朗。车站、码头、机场的集散式广场应该种植具有地方特色的植物，集中成片绿地不小于广场总面积的10%。纪念性广场的绿化应该有利于衬托主体纪念物。

值得一提的是，树木本身的形状和色彩是创造城市广场空间的一种重要景观元素。对树木进行适当修剪，利用纯几何形状或自然形作为点景景观元素，既可以体现其阴柔之美，又可以保持树丛的整体秩序；树木四季色彩变化，给城市广场带来不同的面貌和气氛；再结合观叶、观花、观景的不同树种及观赏期的巧妙组合，就可以用色彩谱写出生动和谐的都市交响曲。

（3）地面铺装设计。广场中的地面铺装具有限定空间、标志空间、增强识别性、强化尺度感以及为人们提供活动场所的功能。地面图案设计可以将地面上的大树、设施与建筑联系起来，以构成整体的美感，也可以通过地面的处理达到室内外空间的相互渗透。

（4）景观环境小品设计。景观环境小品主要包括雕塑、柱、碑、水景、小型艺术品等，也包括经过艺术处理具有特色的建筑物和构筑物，如具有艺术特点的廊架、垃圾桶、指示牌等，还有一些为人们提供休息和服务的设施，如座椅、路灯等。景观环境小品具有两方面功能：①点缀、烘托、活跃环境气氛的游赏功能；②为人们提供识别、依靠、洁净等使用功能。如处理得当，景观环境小品可起到画龙点睛和点题入境的作用。

在具体的环境小品设计中，首先要把握设计主题的统一性，即主题要符合广场的氛围。如纪念广场可以在轴线上设置具有纪念意义的碑、柱等，形成视觉焦点；商业广场、街头广场避免布置主题严肃的景观小品，而以活泼、大众化的题材为主。环境小品的风格要追求统一中富于变化，倘若各种环境小风格差异较大，会给人们带来凌乱感。一般来说，纪念性广场要控制环境小品的数量，以简洁、稳重、肃穆的风格为主，商业广场应追求活跃的气氛，造型和色彩也要体现商业氛围。小品的摆放位置要系统化，充分结合人的行走路线和空间的组织，切忌随意摆放。此外，环境小品应尽量面对主要人流摆放，还可以与绿化、设施组合，形成趣味空间。

第二节　城市公园景观设计

一、城市公园的概念

城市公园是城市景观的重要组成部分，是向公众开放的，由政府或公共团体建设经营，供公众游憩、观赏、娱乐，进行体育锻炼、科普教育的场地，城市公园具有改善城市生态、防灾减灾、美化城市的作用，积极而有利地促进了城市经济、文化、环境的发展。

二、城市公园绿地规划与设计

绿地是配合环境，创造自然条件，使之适合于种植乔木、灌木和草本植物而形成的一定范围的绿化地面或地区。具体包括供公共使用的公园绿地、街道绿地、林荫道等公用绿地，以及供集体使用的附设于工厂、学校、医院、幼儿园等内部的专用绿地和住宅区的绿地等。近代城市规划制度产生后，开始将城市绿地作为城市用地的一个重要种类，在城市规划中合理运用。公园绿地设计是城市景观设计的主要组成部分，也是公园景观的主要构成要素，绿地环境可以为人们提供良好的游乐场所。

随着科学技术的发展，城市规划理论日趋完善和成熟，特别是城市规划中对生态学理论的运用，使人们对城市绿地有了全方面的认识。城市绿地功能除了保护城市环境、改善城市气候、降低城市噪声、减灾防火等生态功能，在使用功能上能为市民提供休息、娱乐活动、观光旅游、文化宣传及科普教育等活动的适宜场所。另外，从美化城市的角度看，绿地能丰富城市建筑群体的轮廓线，增加建筑的艺术效果，使整个城市拥有优美的、自然感强烈的景观环境。

城市绿地的功能较多，那么城市绿地包括哪些内容呢？关于这个问题不同的国家由于诸多不同方面因素的影响，其在内容上有很大的差异，甚至在同一个国家的不同时期，对城市绿地的认识也不相同。随着时代的发展，城市绿地规划已有了较大的发展，并与城市总体规划同步进行。总体来说，城市绿地按照功能一般包括公园绿地、生产绿地、防护绿地、附属绿地等，其中公园绿地是城市绿地中重要的组成部分。

（一）公园的分类与设计

城市公园向全体市民开放，是城市中人们休憩、游玩时接触最多的地方，公园的主要功能是提供人们游憩、休闲、观赏、进行户外锻炼和娱乐等活动的场所，兼具景观、生态环境效益、防灾等功能。公园绿地是对城市形象影响最大的绿地系统。城市公园可分为综合公园、社区公园、专类公园和带状公园等。

1. 综合公园

综合公园的功能比较齐全，可以满足人们休闲、娱乐、教育、体育运动等多种活动。正是由于综合公园要适应多种功能要求，因此，这类公园的占地面积通常较大。综合性城市公园的面积一般不小于1000平方米，且自然条件良好、风景优美，园内有丰富的植物种类。同时也要求公园设施设备齐全，能适合城市中不同人群的需求。根据综合公园的服务范围又可分为全市性综合公园和区域性综合公园。全市性综合公园的服务面积相对更大，服务半径几乎覆盖整个城市，其位置选择要适当，以居民乘车30分钟左右到达为宜；区域性综合公园的服务半径覆盖整个区，以步行15分钟左右可以到达为宜。

综合公园在较大的城市一般可以设置多个，而中小型城市一般可设置一个。综合公园包括的内容较多，一般有游戏娱乐区、儿童活动区、生态林区、休息饮食区、管理区等，并且每个区域中必须有相应的设施，比如儿童活动区必须有儿童游戏设施，休息饮食区必须有餐饮店、休息椅等。另外，为了给人们的游玩提供便利，公园内还必须设置停车场、管理办公处等。公园内的绿化植物种类要丰富，植物要根据各景区的需要来配置。

2. 社区公园

社区公园是居民进行日常娱乐、散步、运动、交往的公共场所。通常包括居住区公园和小区游园，是居住区居民公共活动的主要场所。社区公园一般包括休闲区、运动区、休息区，比较大的社区公园还设有停车场等。居住区公园是居住区配套建设的集中绿地，面积一般不小于300平方米，公园服务半径为500～1000米。小区游园是一个居住小区配套建设的集中绿地，面积一般为200平方米左右，服务半径为300～500米。

3. 专类公园

专类公园是指具有特定内容或形式的公园，比如儿童公园、动物园、植物园、历史名园、体育公园和游乐园等，都是专类公园的类型，其中每一个公园和公园绿地景观都有自己专属的功能和特点。

（1）儿童公园。儿童公园是专为少年儿童服务的游乐园，要针对儿童的生理、心理和行为特征为核心进行设计，要特别为不同年龄段的儿童设置以游玩、游戏为主要功能的公园绿地系统。其设置区域一般包括出入口、游戏区、运动区、体育区等。儿童公园的主要设施有秋千、滑梯、木马、小型球场等，在设置时一定要保证这些设施的安全性和知识趣味性。另外公园内不能缺少垃圾箱、厕所等必要的环境设施。儿童公园的选择一般应在居住区附近，并考虑不要经过交通密集的道路。儿童公园的标准规模一般为2500平方米，服务半径为250米。

（2）动植物园。动植物园主要是为人们提供对动植物进行观赏、研究和教育的场所。植物园的选址一般来说要充分考虑植物对生长环境的需求，常设置在交通方便、土地肥沃、水源充足的近郊区。区域设置一般包括浏览区、休息区、管理办公区、温室、苗圃区等，并有相应的研究性设施。动物园因考虑到安全性，不宜与居住密集区太近，并且要在周围设置防护网或缓冲绿地。此外，还要设置卫生防护林带，确保动物的粪便、气味不对城市其他区域造成污染。动物园的规模要根据展出动物的种类，保证动物有足够的户外活动空间和适宜生长的生态环境为尺度来确定。其区域设置一般分为游览区、休息区、餐饮店、停车场等，并在一定区域配备明确的标志指示系统和解说系统。

（3）体育公园。体育公园是提供各类体育比赛、训练以及日常体育锻炼、健身等活动场所的特殊公园，要求有一定技术标准的体育运动及健身设施和良好的自然环境。体育公园一般面积比较大，包括户外体育运动设施、体育馆、草地、休息区等，但运动设施面积以不超过公园总面积的一半为宜。在体育公园内可以将运动设施的标准适当降低，适量增加娱乐、餐饮的活动项目。体育公园为了能够更方便地让居民使用，一般选在与居住区交通便利的地段，同时由于人流量较大，因此，园内需要设置明确的标志指示系统，而且还要备有充足停车位的停车场，以便保证正常活动的进行，并能有效地疏散人流。

4．带状公园

带状公园是供市民游赏、休闲的狭长形绿地公园。公园以绿化为主，并在其中设置一定的休息服务设施。带状公园的位置一般与道路、河滨、海岸等结合设置，不仅能改善城市环境和景观质量，而且还是城市文化风貌的具体体现。带状公园的宽度一般不得小于10米，最窄处也应满足游人的通行、绿化种植带的延续以及小型休息设施布置的要求。

（二）公园绿地规划设计原则

公园绿地是城市绿化中重要的组成部分，具有改善城市生态环境、美化城市景观等作用。因此，公园绿地规划设计是城市景观设计的重要内容，其设计过程必须遵循一定的规划设计原则来进行。

1．公园绿地规划设计以充分发挥其功能为基本前提

在城市公园绿地的规划布局中，根据合理的服务半径，将各种类型的公园绿地分布于城市中的适当位置，避免公园绿地服务盲区的存在。

2．在整个绿地规划设计过程中，要始终本着以人为本的原则

在功能空间划分、活动项目、活动设施、建筑小品和环境设施的布置及景观序列的安排等方面都要以人的心理学、行为学和人体工程学为基本出发点，设计出使用频率高，真正供市民休闲、娱乐的公园绿地。

3．公园绿地的规划设计要以充分发挥绿地的生态效益为原则

为了满足这种原则，在规划中可以将大小不同的公园绿地分布于城市不同区域中，并用绿带或绿廊的形式将其连接在一起，形成一个整体。在具体的绿地设计中要以植物造景为主，植物选择以乡土树种为主，同时根据生态位（是指一个种群在生态系统中，在时间空间上所占据的位置及其与相关种群之间的功能关系与作用）、群落生境等特征，形成合理的乔木、灌木以及植被种植结构和生态型的植物造景系统，努力达到生物多样性和景观多样性。这样的布局和设计才能使公园绿地的生态效益得到充分发挥，真正发挥改善城市环境、维护生态环境的生态功能。

4．公园绿地规划设计要满足美化景观的功能要求

遵循这个原则应考虑在规划设计中，公园绿地和周围环境及建筑之间的关系，绿地本身的景观结构以及景观序列安排、艺术特色等内容，此外对于一些有特殊意义的公园绿地还要对其地方文脉和文化内涵等进一步探索。总之，公园绿地规划满足美化景观的原则就是要在立意和构景上下功夫，使人们在公园绿地中有更好的精神享受。

三、城市公园水景设计方法

水是万物之源，它不仅是人们生存的必需品，还可以通过不同的设计方式创造出不同的环境气氛，给人们带来精神上的愉悦。就水本身而言，它具有透明性、反射性、折射性等特征，同时可呈现出不同的色彩和动感的声音。正因水的这些特殊的性能，使之成为景观设计最理想的元素。

（一）水景的功能

水是公园中最普遍的景观，同时也是最为重要的景观之一。公园的规模无论大小，只要有水，无论水的面积大小、形状如何，如一个普通的喷泉、一条弯曲的溪流，都可创造出一处视觉焦点。水是公园设计中最令人激动的元素，可以为人们提供感知、运动、阳光以及不断变化的倒影等生动景观。

水景在园林空间中不仅起到了对整体景观的装饰作用，而且还能为一大批适宜生长在潮湿环境、水下或水面的植物提供极佳的生存环境。沼泽植物包括的种类较多，比如睡莲、海芋百合、灯芯草等都有美丽的花朵或叶片，可以为花园增添无限生机。在花园中设计一个水池或池塘，虽然只是小面积水面，却能向人们展示一番美丽的风景。另外，在池塘里养鱼或是其他水生物，是营造动态水景观的理想选择，不仅能为公园增添丰富的景观内容，还能为人们提供积极的、具有生命感的景观环境。

水不仅能以其不同的形态创造出各种各样的景观，创造出整个花园的视觉焦点，而且还对人的健康有益。另外，水景的设计风格也十分重要，影响着花园其他景观的设计和整个花园景观氛围的营造。

（二）公园中的水景类型

水景是园林景观构成的重要组成部分，根据水体的不同形态，园林中的水景可以分成以下几类。

1．喷水

水体因压力而向上喷，形成各种各样的喷泉、涌泉、喷雾等，总称“喷水”。喷水是水向上喷涌而创造出的水的动感形态，有喷泉、涌泉、水柱等形式，千变万化，可以创造出非常美妙的园林景观。喷泉最初的类型很简单，只有单线喷射，之后又发展出直上喷、抛物线喷、面壁喷，甚至出现了蒲公英花形、蘑菇形等各种极具特色的花样喷，还有柱形、锥形的高低喷柱，为园林营造出具有多种多样动感形态的水体景观。

喷涌是指水体由下向上喷涌而出的一种水态，也是地下泉水向上喷涌的一种自然形态。这种喷泉形式根据人们长期以来积累的经验创作出多种不同的载体，从而也产生水体本身喷涌形态的千变万化。

最常见的简单的喷泉是以单线或多线的喷眼逐步间歇地喷出，最后达到丰满、完整的喷泉形式。有的则由水线化作喷雾，做到定时、定量，或借助自然界的风在空中飘浮，形成缥缈的雾景。随着喷泉形式的发展和改造，又出现了滚动式、移动式等水体形态。滚动式喷泉利用欹器（一种传统的灌溉用汲水罐器），水满则倒掉，时而东，时而西，增加了喷泉灵活变动的情趣。移动式喷泉一般在公园内的广场上以各种单线成排成行的形式布置，由外向内，或由内向外，做间歇式的位移，最后则全部开放所有喷泉，达到整个空间全面集中喷出的水域高潮，至喷水停止，完全平息后又重新喷射，周而复始地继续间歇、位移。这些形态各异的喷泉，配以优美的音乐，构成一种美丽的景观，也是目前最时尚、最吸引大众关注的音乐喷泉。每当夜幕降临时，音乐喷泉在一片黑暗中映射出五光十色、水舞雀跃的梦境，成为园林中最美的水景景观设计。

2．跌水

水体因重力而下跌，高度突然下降，形成各种各样的瀑布、水帘等，称作“跌水”。跌水景观是水体由上向下坠落，创造出瓢泼大雨或蒙蒙细雨般的自然状态的景观。人工跌水水态最常见的是瀑布和水帘，这些景观往往使人产生刺激、恐惧、观赏、聆听、遐想的反应，成为园林中最富诗情画意的水景。

瀑布的鲜明特点是充分利用了山石的布局、位置、高差变化等，使水产生动态的气势。根据水体的宽度、流量等，瀑布又分为线瀑、帘瀑。公园中瀑布水景不多见，偶有把山石叠高，下面挖成潭，水自上而下，击石四溅，若似飞珠，若似水帘，震撼人心的瀑布美景，令观赏者乐而忘返。

水帘是水量较小，分布均匀，水体透明如窗帘的一种水景，除应用在园林的景观设计中外，在城市的多种环境或建筑物中也可应用。在较多的情况下，水帘常用来表现一种朦胧美，甚至有时做成一种“假水帘”来获得增加景观层次与朦胧美的效果。

3．流水

水体因重力流动，形成各种溪流、漩涡，总称“流水”。流水是由于水肆意流动而产生的如水涛、漩涡、管流、溢流、泄流等多种水态。最常用的表现方式是溪涧、溪流、泉源等。溪涧的主要特点是水面狭窄而细长，水因势而流，水声悦耳动听。溪流是从山间流出的小股水流，是线形水态，由于受流域面积的制约，不同情况的溪流形态差异很大。有时很短，仅数米，有的可长达百里，但一般都是曲折流动的，或急流湍湍，或涓涓淙淙。溪水经过溪石的过滤，其杂质和污染都沉淀下来，因此，溪水都十分清澈。加之溪旁两岸有自然生长的树木花草，形成树木苍翠、花草丛生的完美生态美景。

这种自然流动的水态，如果在人工园林中被引入或借鉴，再赋予其人文内涵，则构成富于变化、意味深长且文化意蕴高雅的水景。

4．池水

水面不受任何影响，自然平静，称“池水”。公园中水面不受任何影响，以静态为主的水景主要表现为水池、渊潭、水景缸等。其中最为常见的是水池，几乎每个公园中都有适宜尺度的小水池，水池内养鱼或种植水生植物等，不仅可以营造出一个景观视觉焦点，也影响和浸染着整园的景观氛围。

（三）公园水景设计

公园中的水景设计除了本身形态的设计，还要注意与水景植物的配置。园林中水池、湖泊、河川的植物配置，既要符合水体植物的生长环境，又要创造出景观的层次深度。水边配置的植物一般选择喜潮耐水、姿态优美、色彩明艳的乔木和灌木类，或构成主景，或与花草、石块等结合装饰驳岸。水中要栽植一些适宜生长在水中的花木或色叶木来丰富水景。一般在有景观可映的水面不宜栽植水生植物，以便将远山近景在水中映出美丽的倒影，从而达到扩大空间感和丰富景观层次的目的。

毋庸置疑，水是所有园林设计师和规划师在设计创作中应用的最基本的一种造景要素，它不仅能够通过无穷无尽侵蚀的力量来塑造硬质景观，还可以通过对植被的滋养创造柔性景观。公园作为现代城市的开放空间，水景设计尤为重要，特别是当水与光效、声效结合造景时，能使水景场所变得生机勃勃，令人流连忘返。

第三节　城市街道景观设计

一、城市街道景观的构成要素

（一）静态景观要素

1. 自然景观要素

每个城市或多或少地都有一些得天独厚的自然条件，或山，或水，或风景名胜。街道景观线形布置结合这些自然资源，会使其环境更加优美，同时加深人们对城市的印象。街道景观的自然景观要素包含道路线形（地形、地势）、水体、山岳和季节天象等。

2. 人工景观要素

构成街道环境的人工景观要素通常是所说的街道空间的构成元素，直接影响着街道空间的形象与气氛。构成城市街道的人工要素大致可以分为建筑（围合空间的垂直界面）、路面（塑造空间的垂直界面）、道路交通设施和街道小品。

（二）动态景观要素

街道景观同其他的景观有所区别，它是一个动态三维空间景观，具有韵律感和美感，街道把不同的景点结成了连续的景观序列，使人产生一种累积的强化效果，同时街道本身又成为景观的视线走廊。

1．交通景观要素

交通景观通常应当具备三个方面的功能，即交通功能、环境生态功能、景观形象功能。

（1）交通功能。即要满足道路的交通功能。

（2）环境生态功能。结合街道两侧及其周边地带的环境绿化和水土保护来发挥街道的环境生态作用。

（3）景观形象功能。在满足交通功能、环境生态功能两方面的基础上，才有可能创造出良好的景观形象。也就是说，街道景观中的“景观”不只是考虑视觉的狭义景观，而是连带交通、环保和周边土地开发建设、经济发展、历史文脉、旅游资源等因素的广义的景观。

2．人的活动要素

在城市街道景观设计过程中，首先应认真考虑作为设计对象的街道都有哪些人类活动存在，因为人们在街道上的各种活动是设计的前提条件。设计的对象若是繁华的街道，那么应以街道上经常聚集的众多行人为前提。人是街道景观的主要角色，必须将行道树和沿街建筑物细部处理好，以满足行人对街道景观的要求。

二、城市街道景观的特性

（一）街道是一种交通空间

1．街道是城市道路路网的一部分

街道的基本功能之一是作为运输通廊，同时作为城市开放空间的因素和城市景观点的联系物。交通与城市的布局形式、活动的组织、城市的外貌和功能等是紧密联系在一起的。对于现代城市道路而言，交通功能是其最主要的功能。街道景观作为城市景观系统的主要的联系纽带，具有极其重要的景观功能。同时城市街道是从形态上划分城市的结构的主要因素之一。

2．街道要满足交通技术的要求

城市中往往有些街道在日常生活中主要承担着交通运输功能，这些街道通常与城市重要出入口相连，连接各个城市功能区，同时连接一些重要的城市设施，满足各功能区之间的日常人流和物流空间转移的要求，是城市中重要的轴线。

（二）街道是一种线性空间

街道作为“线状”空间，其特征是“长”，因此表达了一种方向，具有运动、延伸、增长的意味。在城市中街道表现和支持的最基本功能是联系与交通，由于其连续性的空间形态，对于形成城市整体景观特色具有重要的作用。从空间形态特征上讲，街道构成城市的“架”，表明了城市基本的结构形态。

1．区段与节点

（1）区段。街道是以一条线的形式存在的，而城市中的街道的封闭性很强。城市街道的周边布置着大量的建筑物，人行道与车行道之间还种植着成排的高大乔木，这使路面与道路两边的边界所围成的空间，就很容易形成一种封闭感。

（2）节点。城市中节点主要是由道路的交叉口组成，交叉口在一组道路中具有全局的意义，两条路的节点，反映了道路的局部结构和形式。节点作为整个景观轴线上比较突出的景观点，往往在整个景观设计中起画龙点睛的作用。一般大型的项目都会有多个节点，突出各个部分特色的同时也把全局串联在一起，更好地体现出设计者的意图。

2．线的方向性

城市中的街道比其他道路的导向性要差，所以对于城市街道的方向性要有明确的界定，一般观察者认为道路有一个方向，并以其终点来识别。在街道上活动是沿着某一个方向、明确的终点、沿线的变化，以及方向感使观察者得到一种前进感，其方向性通过街道的连续性体现出来。

（三）街道是城市的公共空间

1．街道是城市公共空间重要组成

城市公共空间是城市中最易识别、最易记忆、最具活力的部分，城市公共空间是一个城市社会、政治、经济、历史、文化信息的物质载体，也是城市实质景观的主体框架。这里积淀着世世代代的物质财富和精神财富，它们不时地传达着高价值信息，是人们阅读城市、体验城市的首选场所。

2．街道作为城市公共空间的作用

城市的街道是一个城市最具有活力的公共空间之一。为了更好地满足街道功能上的要求，丰富城市生活，凸显城市特征，应该重视街道设施的景观设计。优化配置街道设施，提高其实用性、艺术性和地方性，塑造出人性化、个性化的街道空间。

城市街道空间分布广，容量大，对城市环境质量和景观特色有着极为重要的作用。现代城市街道空间具有多层次、多含义、多功能、立体化等特点，往往集人们的交往、休闲、游乐、购物、餐饮、教育、健身、文化活动等于一体，是人们的活动需求的场所。

三、城市街道景观设计文化

（一）现代技术促进城市街道景观文化的形成

可持续性的现代街道景观规划是离不开技术支持的。新的技术不仅能使人们更加自如地再现自然美景，甚至能创造出超出自然的人工景观，它不仅极大地改善了用来造景的方法与素材，同时也带来了新的美学观念。

现代喷泉水景不仅有效地解决了供水问题，而且体现了极高的技术集成度，将水的动态美发挥到了极致。当然，技术对景观的影响远远不止于此，它还引进了一批崭新的造园因素。现代照明技术的飞速发展创造了一种新型的景观——街道夜景观。城市的夜景给人们带来了美的享受，大家提出了让城市“白天绿起来，晚上亮起来”，夜景观的灯光建设已成为一个城市经济发展的外在表现，是一个城市文化底蕴、文明程度的集中体现，让城市在璀璨的灯光照射下更显妖娆。另外对于一些风景区的街道，由于建筑的围合密度不是很大，生态技术的应用算是一个特殊的例子。因为其更重要的意义在于引入了一系列生态观念，如“海绵城市”“系统观”（生态系统）、“平衡观”（生态平衡）等。这些观念的引入使现代景观设计师不再把街道景观规划看成是一个单独的过程，而是整体生态环境的一部分，并考虑其对周边生态影响的程度与范围以及产生何种方式的影响，涉及动物、植物、昆虫、鸟类等在内的生态相关性已日益为景观设计师们所看重。

（二）现代艺术思潮对城市街道景观文化的影响

艺术设计是一种文化设计，它受到文化的制约，同时它又在设计某种文化类型。设计师们可从诸如当代建筑、艺术、电影等一切文化领域中获取灵感。虽然 20 世纪末的景观设计形式多样，但也有共同的特征。

其一，空间特性是当代景观建筑师们从现代派艺术和建筑中汲取灵感去构思的三维空间，再把雕刻方法加以具体运用。现代街道景观不再沿袭传统的单轴设计方法，立体派艺术家多轴、对角线、不对称的空间理念已被景观建筑师们加以利用。

其二，抽象派艺术同样对景观设计起着重要作用，曲线和生物形态主义的形式在街道景观设计中得以运用。

此外，通过对比的方法从国际建筑风格中借鉴几何结构和直线图形，并把它们在当代街道景观设计中加以运用。

四、城市街道景观文化设计的价值

1．展示街道景观特色，弘扬城市文化

文化是历史的积淀，留存于城市中，融汇在人们的生活中，对市民的观念和行为起着无形的影响。现代城市街道景观因为其面向大众而具有公共性，不仅满足人们休闲娱乐的需求，同时还肩负着弘扬优秀传统文化和展示现代文明风范的重任。城市的历史和丰富的文化是城市历史悠久的见证，是城市重要的物质财富和精神财富，具有感召力和凝聚力，它们对于提高社会的文化素养和思想品位，陶冶情操，激励民族自信心和增强爱国主义等都有着极其重要的作用。城市街道景观中对历史要素的尊重和积极利用，能促进城市文化的弘扬。在现代城市街道景观中常常可以看到刻在景墙上或铺在地上的脍炙人口的诗词歌赋、取材于历史中有教育意义的历史典故等。

2．满足人的怀旧情结

工业革命以后人类社会进入了前所未有的发展阶段，科技的迅猛发展，物质的极大丰富，使城市面貌出现了巨大的变化，现代的城市到处是现代化的高楼大厦，到处是体现速度和效率的城市交通。现代的人们已经认识到历史的重要性，历史和各种文化遗存成为人们追忆过去的精神寄托。城市街道景观与人类社会各方面的发展有着密切的联系，它不同程度地折射着社会的各个侧面，街道景观的“设计”过程是这些方面综合协调的过程。

3．增加城市文化内涵

城市景观是人类社会发展到一定阶段的产物，是一种文化现象，是人类文化的结晶。现代的街道景观更是体现了对文化内涵的追求。城市的历史和文化本身体现着深厚的文化底蕴，在城市街道景观设计中融入历史和文化，能增加城市的历史感和文化内涵。

五、城市街道文化与街道景观的互融

文化与城市街道景观的关系是相互的，文化不仅通过街道景观来反映，而

且还改变着街道景观。文化与街道景观在一个反馈环中相互影响。如在上海多伦路上，原本普通的咖啡馆成了当时上海知名作家的聚集地。在这里，文化没有在视觉上改造景观，却赋予了城市景观新的内涵。城市街道景观不仅反映了一定历史时期人们的经济价值，而且还反映了在历史过程中形成文化景观的精神价值、伦理价值和美学价值等。比如，文学大家们只是把上海的多伦路当作活动场所。而今通过开发改造，当人们慕名而来的时候，却是浮想联翩。从这个意义上说，文化使景观具有了更加丰富的内涵。

城市街道景观的概念具有双重属性。

（1）城市的格局、建筑等构成了城市街道景观的物质实体，其背后承载着这个城市的历史文化发展。

（2）人们通过各种途径形成对城市的印象。这些途径可以是市民和旅游者的亲身体验，也可以是通过互联网、电视、电影、报纸、书籍和杂志等传媒的介绍而在人们头脑中再现的城市。它不再局限于人们所亲眼看到的物质的城市，它还是看的方式。因此，城市街道景观也是意识形态的表现。

1. 城市街道景观的生长

城市街道景观并不是静态的，而是一直处于变化发展的过程中，因此，在考察城市街道景观时，必须加上时间的因子。

（1）城市街道景观中的花草树木等有生命的东西会繁衍生长。

（2）景观作为文化，还有文化的生长——文化积淀，也需要随时间发展而逐渐走向丰富成熟。

2. 城市街道景观中人的因素

人是文化的主体和文化构成的要素和组成部分，其中，政府决策者、投资者、设计者、建设者和未来的使用者对即将动工的项目有各种要求和意见，都会影响城市街道景观将以什么样的面貌出现在人的面前。然而容易被忽视的是，人本身就是城市景观的组成部分。街头露天咖啡座里悠闲地晒着太阳的人，在注视来来往往的人群的同时，其本身也是一道风景。因为看与被看亦是人与人交往的一种方式。

六、城市街道景观的设计原则

可以从以下几个角度来探寻街道景观特色。

第一，从城市生活的角度上，应促成现代社会生活与空间实体以形成相对固定的对应关系。

第二，从心理和行为角度上，应塑造有识别性的形象以满足人们的审美要求、文化要求和认知要求。

第三，从经济角度上，塑造有个性的形象，满足城市街道景观文化特征的时代认同。

同时，因地制宜，因势利导，结合本地区实际情况，采取适宜的途径和模式，减少商业谋利行为对城市街道空间正常演进的影响和干扰。

1．地域个性的原则

现代城市中每个城市都有自己的个性与特色，除地域等自然因素形成城市特色外，随着城市设计学科的研究与发展，城市被赋予新的内涵。城市街道景观设计应突出城市自身的形象特征，每个城市都有各自不同的历史背景、不同的地形和气候，城市居民有不同的观念、不同的生活习惯，在城市的整体形象建设时应充分体现城市的这种个性。

城市街道景观联系着城市主要的公共活动空间和城市主干道。因此，它可以反映出城市特有景观、面貌风采和文化内涵，展现出城市的气质和个性，体现出市民的精神素养和独特的地域文化，同时还显示出城市的经济实力、商业的繁荣、文化和科技事业的综合水平。所以，城市街道景观作为一个城市形象最有力而又精彩的概括，在规划设计与建设中尤其要注重个性化的原则。

2．历史文脉原则

城市街道的形成既有它的现实意义，同时也包含其深远的历史内涵，除了少数开发区或“人造城市”不具有某种自然环境或历史意义，一般城市街道景观的形成都与其历史文脉分不开，城市街道景观中的那些具有历史意义的场所往往会给人们留下深刻的印象。组织景观空间形式，塑造城市独特的个性，那些具有历史意义场所中的建筑形式、空间尺度、色彩、符号以及生活方式等，恰恰与隐藏在全体市民心中的，驾驭其行为并产生地域文化认同的社会价值观相吻合，因此，容易引起市民的共鸣，能唤起市民对过去的回忆，产生文化认同感。

总之，城市街道景观的设计要尊重历史，继承和保护历史遗产，同时考虑城市向前发展，认真研究城市的发展历史，做大量的调查、研究和分析工作；对城市的历史演变、文化传统、居民心理、市民行为特征及价值取向等作出分析，取其精华，去其糟粕，并融入现代城市生活的新功能、新需要，形成新的城市文化和城市特色，使城市街道景观的形成有着时间上的连续性，形成宽敞、美丽并且有城市文化气息的城市新型的街道景观。

3．整体性原则

这是景观设计中最重要的一条。街道景观建设不可能经过统一规划，一次性完成。由于各种条件因素的制约，大多数的建筑按不同的时间顺序兴建，这就要求构成群体环境的各要素要以大局为重，相互照应，突出整体特色。

（1）考虑城市街道空间形态的整体化。即在街道景观的设计过程中应从城市整体出发，充分体现和展示城市的形象和个性。对街道景观空间的组合形式做深入细致的研究，并使之有序，这就要求不仅要对道路本身的断面进行研究，应更多地去研究街道的其他界面。

（2）城市街道小品景观的整体化。即在街道景观的设计中，为了强调城市的个性，要对街道景观的小环境的共性加以强化。城市中的各个街道有着共同的地域、共同的文化，人们拥有共同的行为习惯和行为准则，因为有了这些共同才形成了城市整体特征，同时合成区别于其他城市的个性特征。这就要求在创造街道景观的整体环境过程中，要更多地考虑变化中的统一，特别是在对街道中的景观小品的设计。

4．可持续发展原则

城市的可持续性发展表现在城市建设中的许多方面，而考虑城市街道景观的可持续性，可以从它对城市空间结构的影响、对城市景观格局变迁所发挥的作用以及它所实现的城市功能、它的建设与运营过程中的资源利用效率、它对城市生活环境质量带来的影响、它对城市生态安全格局影响等多方面来进行评价，而这将涉及街道景观的建设指导理念、建设决策、规划管理和城市整体建设等过程。随着对可持续发展理念的贯彻，城市街道景观必将逐步强化可持续发展生态设计的内容，成为城市街道景观的和谐组成之一，为人们所接受，所欣赏。

七、城市街道景观的设计方法

1．借鉴转化

城市要发展，就会有新的建筑产生。一个民族由于自然条件、经济技术、社会文化风俗的不同，其生存环境中总会有一些特有的符号和排列方式。就像口语中的方言一样，巧妙地注入“乡音”可以加强环境的历史连续感和乡土气息，增强环境语言的感染力。

2．抽象表达

街道景观的创造是在研究原生场地间营造方式的基础上创作的，因此，这类景观多包含对原有建筑形式中各种标志性景观符号的再现与抽象。这种抽象表达的手法，不是简单地模仿原来街道的风貌，而是根据当代景观的功能、结构，结合新材料、新技术创造新的具有地方特色的现代形式。

3．对比融合

将传统乡土建筑的材料、构造和布局方式与当代材料和技术结合，在质感、色彩、形体等方面取得优雅的对比效果，体现出冲突中的和谐，对比中的统一。

4．生态回归

生态设计文化已不是一个崭新的概念，事实上，多数结合地域特征的乡土建筑，景观设计都非常重视与自然环境的结合，这些设计本身就是一种朴素的生态建筑。当代设计师将这些方法加以提炼，用新材料、新技术表达出来，就形成了前所未有的景观形式。

5．科技应用

数字化技术的应用，是街道景观设计的又一典型创新手段。无论是设计过程中数字化模型对建筑空间、形体的塑造，还是各种智能化管理、生态控制等方面，数字技术都起到了越来越重要的作用。在建筑领域中对于数字技术的应用比较明显且普遍，在景观设计中还属于初露锋芒的阶段。对于太阳能的利用、中水的循环利用、温度湿度调节的数字化控制等方面还有待进一步深入研究。

6．地域挖掘

地域性是指某一地区由于其气候、自然环境以及长期以来形成的历史、文化、风俗等原因而造成的特有的、不同于其他地域的特征。事实上，地域、民族、地方这些概念密不可分、相互渗透，只是某种属性更加明显罢了，这里所说的地域性特色就是平常所说的地方性特色。

我国地域辽阔，从南到北，从东到西，有绵延起伏的山脉，有广阔无垠的平原，也有茫茫千里的草原、戈壁和沙漠，各地的地理环境千差万别，各地人民在与自然环境的长期斗争中，因地制宜，因时制宜，创造出独特的建筑和环境空间特征。

街道的地域性特征是所在城市的宝贵文化财富，构成当地文化和城市特色不可或缺的部分。街道空间的这些地域性特征正受到世界文化趋同现象的冲击，不同地区、不同城市的许多建筑在形态、装饰、色彩等方面有着惊人的相似，街道和建筑设计的相互抄袭、“克隆”，使许多城市因而失去了自身的特色和光泽，陷入平庸之列。这些失去地域性的街道空间，给人的感觉是冷漠，格格不入，没有生活趣味。怎样恢复街道的人文特征，体现灿烂多姿的地域文化，创造适合居民生活的街道空间，是建筑师值得深思与研究的问题。

从历史上看，街道空间总是作为人们的信息与交流的平台，即使在今天，掌握了所有的交流手段，街道空间仍然起着公共论坛的作用。

从文化角度看，街道最重要的传统是它的地域性，不同历史时期不同风格的街道，是街道之间纵向的区别；不同地域不同特征的街道，是街道之间横向的区别：由于后一种区别，使一个城市具有鲜明的、可视的地方个性。

7. 色彩设计

“色彩设计”是一个新的色彩用语。20 世纪 60 年代，随着世界性城市化进程的飞速发展，众多社会学家、生态学家、心理学家、地理学家、人类学家和城市设计师们在各自的研究领域里，对人类生活形态及改善城市居住环境的问题进行了广泛的研究和探讨，发现美学中的“形”和“色”的构成是影响城市景观环境的两个非常重要的因素。

人们在漫游魅力城市街道的时候，首先感受到色彩景观的影响，科学地规划与控制街道色彩景观，是构建城市和谐与可持续发展的重要途径之一。城市景观主色调的确定，除了符合现代市民的心理之外，需要对城市的“根”文化加以深入研究，从传统文化中提取具有典型意义的色彩形象加以强化。

八、不同类型街道景观的设计

（一）观光街道景观设计

1. 弘扬历史文化，体现地域风格

历史文化街道是城市的记忆，其体现了某历史时期的风貌和地方民族特色。规划师无法保留所有的历史印记，但是那些曾经亮丽的片段应当在时光的磨砺下华彩依旧。不能期待生生不息的生活将街道凝固成永恒的记忆，但也同样不能任凭那些古旧中的唯美消逝在创造未来的激情中。于是，规划师面对这些老街，最多的选择就是保护，能留的留下，不能留的原貌复建。这对于旅游区和经济活动不算活跃的区域无疑是可行的，但并非所有的街道都具有上海新天地那样的区位优势，可以成为繁华都市中的一道风景，更多的街道在城镇的发展中渐渐消亡，成为一段模糊的记忆。

2. 充分挖掘当地的名人资源，展示名人街景观魅力

对于具有观光意义的街道而言，充分挖掘和利用当地丰富的名人文化资源，通过精心设计与布局，将文化元素巧妙融入街道景观之中，是塑造具有独特文化特色的城市街道景观的重要途径之一。这不仅有助于展现文化名人街的独特魅力，还能让游客在漫步中感受到深厚的历史文化底蕴，从而增强城市的文化吸引力和旅游竞争力。

3. 尊重传统民俗风情，展示民族传统

当游人踏足每一座城市，他们无不怀揣着对当地民俗风情的热切期盼。为了塑造具有鲜明文化特色的街道，我们应充分尊重并传承传统民俗风情，深入挖掘并利用丰富的民族特色资源，通过创意性的展示手段，将民族传统文化

的精髓呈现在世人面前，让游人在漫步间领略到深厚的文化底蕴和独特的民族风情。

（二）商业街道景观设计

具有商业意义的街道，因为往往过于强调其商业功能，在景观规划时忽略了它的文化内涵的挖掘。其实，一条成功的商业街道不是仅有鳞次栉比的建筑外立面景观、丰富的景观小品和花团锦簇的绿化景观就足够的，人们更重视的是其丰富的城市文化底蕴的挖掘。

在具有商业意义的街道中，现在比较多的是商业步行街，这些步行街往往不大，小巧玲珑，有一些骑楼、门楼、匾牌、幌子、电话亭、广告书亭等街道景观小品和绿化、喷泉等，当地的文化特征就是透过这些景观形态反映出来的。另外还有一种是金融商贸街，往往是人车混行街，它的功能活动比较繁杂，有商业、交通、办公等，尺度比较大，环境要素组成主要有人、店面、人行道及车道。

1. 恢复、保护和再现历史性景观

具有商业意义的街道，如果原有区域有历史遗留建筑，那么可以对建筑进行整治和更新，整治规划可以以完善其原有功能，恢复原有形象为主。

商业气氛的杂沓和纷繁，遮蔽或淹没了人文景观，因而少了文化意味；相反，只有人文和自然景观，缺少与之相适应的商业文化色彩，那也只是一个孤立的景点，而不是有着厚重人气的闹市中心。如苏州的观前街和江阴市的人民路商业街没有文化主体的辉煌，即使有更胜一筹的商业繁华，也依然不是有特色的商业步行街。

2. 凸显时代风格

具有商业意义的街道，整个环境景观设计总体构思上在满足商业街的功能要求的前提下，除了体现深厚的传统文化特色，还要和它商业氛围相融合，并赋予其新的时代气息，做到传统与现代兼收并蓄。城市是一本打开的书，是人类为自己编织的摇篮。当人们走在一个陌生城市街道时，留给他们印象最深的就是这个城市独特的个性与魅力，而塑造体现时代风格文化特色的城市街道景观，正是创造这种个性与魅力的行之有效的方法之一。

街道景观体现时代风格的文化特色，在整条街道的环境色彩方面，也可以进行统一设计，对其建筑及周围环境的色彩进行处理，使建筑与周围环境更为协调。

参考文献

[1] 卞阿娜．风景园林规划设计实训指导［M］．北京：中国纺织出版社，2024.

[2] 秦操．风景园林 LIM 数字化设计实践与探索［M］．武汉：华中科技大学出版社，2024.

[3] 张艳华，孙江峰，曹琦．风景园林工程与植物养护［M］．长春：吉林科学技术出版社，2024.

[4] 徐怀升，刘爽宽，张家华.风景园林工程[M].西安：西北工业大学出版社，2024.

[5] 杨光，张朝辉，张金鹏．风景园林与城市更新的研究与实践［M］．哈尔滨：哈尔滨出版社，2024.

[6] 温和．园林规划设计［M］．2 版．北京：机械工业出版社，2024.

[7] 罗珊珊，陈慧，邢祥银．建筑设计与风景园林设计基础［M］．长春：吉林科学技术出版社，2023.

[8] 杨晨辉，尚璐，蔡尔豪．城市更新与风景园林设计研究［M］．长春：吉林科学技术出版社，2023.

[9] 张清海．风景园林设计构成［M］．南京：东南大学出版社，2023.

[10] 糜兵一，张其明 . 风景园林设计与绿化养护［M］. 哈尔滨：哈尔滨出版社，2023.

[11] 孔令琛，杜辉. 风景园林规划与设计研究［M］. 延吉：延边大学出版社，2023.

[12] 李同欣．风景园林及植物景观设计［M］．北京：现代出版社，2023.

[13] 张尚芬，罗珊珊，祁丽茗．园林绿化设计与建筑设计［M］．哈尔滨：哈尔滨出版社，2023.

[14] 何滢，田艳，杨和平．城市更新与风景园林生态化建设［M］．长春：吉林科学技术出版社，2023.

[15] 闫廷允，徐梦蝶．风景园林设计与工程规划［M］．长春：吉林科学技术出版社，2022.

［16］贾秀丽，刘婧，王思琪．风景园林设计与环境生态保护［M］．长春：吉林科学技术出版社，2022.
［17］田松，马燕芬，龚莉茜．风景园林规划与设计［M］．长春：吉林科学技术出版社，2022.
［18］陈剑，李清昀，朱政财．风景园林规划与设计［M］．长春：吉林摄影出版社，2022.
［19］江明艳，陈其兵. 风景园林植物造景［M］. 2 版. 重庆：重庆大学出版社，2022.
［20］李香菊，杨洋，刘卫强．园林景观设计与林业生态化建设［M］．长春：吉林科学技术出版社，2022.
［21］郄亚微．生态文明视域下城市园林景观设计研究［M］．长春：吉林科学技术出版社，2022.
［22］徐文辉. 城市园林绿地系列规划［M］. 4 版. 武汉：华中科技大学出版社，2022.
［23］马新，王晓晓．城市道路景观设计［M］．重庆：重庆大学出版社，2022.
［24］杨至德．风景园林设计原理［M］．4 版．武汉：华中科技大学出版社，2021.
［25］傅凌志，杜新，禹宁暄．风景园林建筑设计与创新研究［M］．长春：吉林科学技术出版社，2021.
［26］陈其兵，刘柿良．风景园林概论［M］．北京：中国农业大学出版社，2021.
［27］王东风，孙继峥，杨尧．风景园林艺术与林业保护［M］．长春：吉林人民出版社，2021.
［28］赵印良，周斯建. 园林花卉与艺术设计[M]. 成都：四川科学技术出版社，2021.
［29］张恒基，朱学文，赵国叶．园林绿化规划与设计研究［M］．长春：吉林人民出版社，2021.
［30］刘洋．风景园林规划与设计研究［M］．北京：中国原子能出版社，2020.
［31］陈晓刚，周博，申益春．风景园林规划设计原理［M］．北京：中国建材工业出版社，2020.
［32］余本锋．风景园林设计［M］．成都：电子科技大学出版社，2020.
［33］张文婷，王子邦．园林植物景观设计［M］．西安：西安交通大学出

版社，2020.
[34] 陆娟，赖茜．景观设计与园林规划［M］．延吉：延边大学出版社，2020.
[35] 朱宇林，周兴文，梁芳．基于生态理论下风景园林建筑设计传承与创新［M］．长春：东北师范大学出版社，2019.
[36] 何风，黄大勇．风景园林设计与工程规划［M］．延吉：延边大学出版社，2019.
[37] 王睿骁．风景园林规划设计研究［M］．北京：中国原子能出版社，2019.